자연과학시리즈

1

퀴즈 물리학의 역사

: 고대~근대

정 완 상 지음

교우사

머리말

전기에 대한 연구는 누가 처음 시작했고 어떻게 발전했을까? 우리 주위의 기체는 누가 발견했을까? 세포는 누가 발견했는가? 아마도 이런 호기심을 가진 사람들이 많을 것입니다. 그래서 이 시리즈에는 과학의 역사를 더듬어 보았습니다.

이 시리즈는 기존의 다른 과학의 역사에 관한 책들보다 퀴즈로 되어 있어 문제를 풀어볼 수 있다는 장점이 있습니다. 문제를 풀어 나가면서 물리, 화학, 생물, 지구과학, 천문학의 역사에 대해 자신이 얼마나 알고 있는가를 가늠해 볼 수 있습니다. 이 시리즈에 나오는 과학자들은 과학사의 영웅들입니다. 이런 영웅들의 업적을 통해 과학자들이 얼마나 위대한 지를 독자들이 느낄 수 있었으면 하는 것이 저자의 소망입니다.

이 책은 미래의 과학자를 꿈꾸는 청소년들, 과학에 대한 상식을 풍부하게 지니고 싶어 하는 일반인, 또한 퀴즈 프로그램에서 좋은 결과를 내고 싶어 하는 사람에게 좋은 도움이 될 것입니다.

저자는 KAIST에서 이론물리학을 하고 대학에 와서 물리학과 수학을 가르쳐 왔습니다. 그래서 그동안 대학에서 연구한 내용과 강의했던 내용을 토대로 이 책을 집필하게 되었습니다. 저자는 2011년 EBS에서 과학의 역사에 대한 스무 번의 강의를 하면서 과학의 역사를 정리하고 싶었습니다. 교우사에서 이 시리즈를 긍정적으로 생각해주셔서 이 시리즈가 나오게 되었습니다. 이번 시리즈를 만들면서 저자 본 인도 과학의 역사를 좀 더 알 수 있었고, 전에는 알지 못했던 새로운 과학자에 대해서도 알게 되어 즐거웠습니다.

끝으로 이 책을 출간할 수 있도록 배려하고 격려해준 교우사의 식구들에게 감사를 드립니다. 이 책의 자료 정리에 도움을 준 대학원생들에게도 감사를 드립니다.

진주에서
정완상

CONTENTS

퀴즈 물리학의 역사: 고대 ~ 근대

제 1 부

힘과 운동의 역사

QUIZ 01

갈릴레이는 피사대학을 다녔다.
갈릴레이가 다닌 학과는?

① 수학과

② 물리학과

③ 의학과

해설 1581년 갈릴레이는 아버지의 권유로 열다섯 살 때 이탈리아 피사 대학의 의학과에 입학했다. 우연히 성당에서 진자의 등시성을 발견한 갈릴레이는 의학부를 중퇴하고 리찌 교수로부터 수학을 배웠다. 1589년 대학 졸업장도 없는 갈릴레이는 수학 능력을 인정받아 피사 대학 수학과의 교수가 되었다.

QUIZ 02

갈릴레이가 발견한 진자의 등시성에 대해 설명하라.

ANSWER

01 ③

해설 갈릴레이가 피사대학 의학과에 다니던 시절 갈릴레이는 우연히 성당에 갔다가 신부님의 설교가 지루해 돌풍에 흔들리는 샹들리에를 유심히 관찰했다. 그는 크던 작던 관계없이 샹들리에가 같은 자리로 되돌아오는 데 걸리는 시간을 맥박수를 이용해 헤아려 보았더니 항상 똑같았다. 이것이 갈릴레이가 발견한 최초의 물리법칙인 진자의 등시성이다.

QUIZ 03

줄의 길이가 얼마일 때 줄에 매달린 추가 원래의 자리로 돌아오는 데 걸리는 시간이 1초가 될까?

해설 갈릴레이는 추가 제자리로 돌아오는 데 걸리는 시간(주기)이 줄의 길이의 제곱근에 비례한다는 것을 알아냈다. 주기를 T(초)라고 하고 줄의 길이를 L(m)이라고 하면

$$T = 2 \times \pi \times \sqrt{\frac{L}{9.8}}$$

이다. 이 식에 $T = 1$을 넣으면 $L \fallingdotseq 0.25$이므로 구하는 길이는 0.25미터이다.

ANSWER

03 0.25미터

QUIZ 04

두 물체가 같은 거리를 움직일 때 속력은 그 거리를 움직이는 데 걸리는 시간만 비교하면 된다. 즉, 짧은 시간이 걸린 물체의 속력이 더 크다. 두 물체가 같은 시간 동안 움직일 때 속력은 움직인 거리만 비교하면 된다. 즉, 움직인 거리가 더 긴 물체의 속력이 더 크다. 두 물체가 서로 다른 거리를 서로 다른 시간 동안 움직일 때 두 물체의 속력을 갈릴레이가 정의한 방법을 설명하라.

참고 갈릴레이 〈새로운 두 과학에 대한 대화〉

해설 갈릴레이는 일정한 속력으로 운동을 하는 물체를 생각했다. 그리고는 다음과 같은 그림을 도입했다.

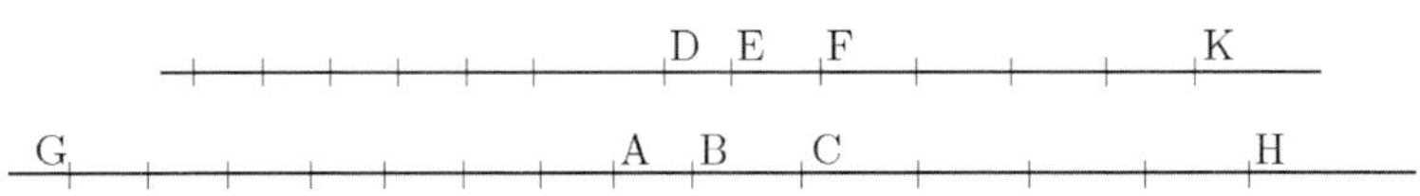

정의 〈새로운 두 과학에 대한 대화〉에서 평균속력을 정의하는 그림 위에 있는 직선은 시간을 아래 있는 직선은 거리를 나타낸다. 갈릴레이는 다음과 같이 생각했다.

시간 $\overline{DE}$ 동안 물체가 움직인 거리가 $\overline{AB}$이고 시간 $\overline{EF}$ 동안 물체가 움직인 거리가 $\overline{BC}$라고 하자. 이때 $\overline{DI}$가 $\overline{DE}$의 n배(n은 자연수)가 되도록 점 I를 도입하고, $\overline{GA}$가 $\overline{AB}$의 n배가 되도록 점 G를 도입한다. 또한 $\overline{FK}$가 $\overline{EF}$의 m 배(m은 자연수)가 되도록 점 K를 도입하고, $\overline{CH}$가 $\overline{BC}$의 m배가 되도

록 점 H를 도입한다. 이것을 식으로 나타내면 다음과 같다.

$$\overline{DI} = n\overline{DE}$$

$$\overline{FK} = m\overline{EF}$$

$$\overline{AG} = n\overline{AB}$$

$$\overline{CH} = m\overline{BC}$$

이 네 식으로부터 다음 관계식을 얻을 수 있다.

$$\overline{BG} = (n+1)\overline{AB}$$

$$\overline{BH} = (m+1)\overline{BC}$$

$$\overline{IE} = (n+1)\overline{DE}$$

$$\overline{EK} = (m+1)\overline{EF}$$

이때 물체가 일정한 속력으로 움직인다고 하자. 그러면 같은 거리를 움직이는 데 걸리는 시간은 같으므로 $\overline{GB} = \overline{BH}$는 $\overline{IE} = \overline{EK}$를 의미한다. 이것을 다음과 같이 쓸 수 있다.

$$(n+1)\overline{AB} = (m+1)\overline{BC}$$

$$(n+1)\overline{DE} = (m+1)\overline{EF}$$

따라서 갈릴레이는 다음 관계식을 얻을 수 있었다.

$$\frac{\overline{AB}}{\overline{DE}} = \frac{\overline{BC}}{\overline{EF}}$$

즉, 일정한 속력으로 움직이는 물체의 경우 서로 다른 시간 간격에 대한 움직인 거리의 비율은 일정하다. 그러므로 이것을 속력의 정의로 삼을 수 있게 된다. 이것이 바로 갈릴레이가 기하학적으로 엄밀하게 증명한 속력의 정의이다.

QUIZ 05

갈릴레이는 거리를 시간으로 나눈 값을 평균속력이라고 불렀다. 갈릴레이가 평균속력이라고 부른 이유를 설명하라.

해설 속력이 변하는 경우 갈릴레이는 다음 그림으로 설명했다.

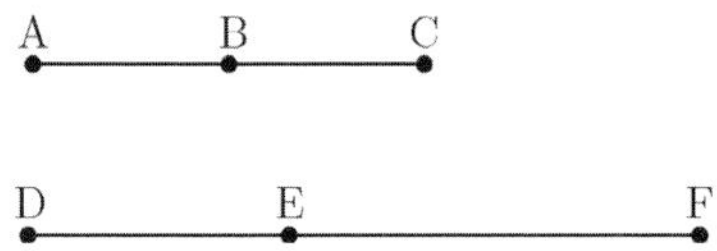

시간 $\overline{\mathrm{AB}}$ 동안 물체가 일정한 속력으로 움직인 거리를 $\overline{\mathrm{DE}}$, 시간 $\overline{\mathrm{BC}}$ 동안 물체가 일정한 속력으로 움직인 거리를 $\overline{\mathrm{EF}}$라고 하고 $\overline{\mathrm{AB}}=\overline{\mathrm{BC}}$라고 하자. 이때 $\overline{\mathrm{DE}} \neq \overline{\mathrm{EF}}$이면 물체의 속력이 변하는 것을 의미한다. 시간 $\overline{\mathrm{AB}}$동안의 물체의 속력을 v_1, 시간 $\overline{\mathrm{BC}}$동안의 물체의 속력을 v_2라고 하면 갈릴레이의 정의에 따라

$$v_1 = \frac{\overline{\mathrm{DE}}}{\overline{\mathrm{AB}}}$$

$$v_2 = \frac{\overline{\mathrm{EF}}}{\overline{\mathrm{BC}}}$$

가 된다. 한편 시간 $\overline{\mathrm{AC}}$동안 움직인 거리는 $\overline{\mathrm{DF}}$이므로 이 시간 동안의 속력 v를 움직인 거리를 걸린 시간으로 나눈 것으로 정의하면

$$v = \frac{\overline{\mathrm{DF}}}{\overline{\mathrm{AC}}} = \frac{\overline{\mathrm{DE}}+\overline{\mathrm{EF}}}{\overline{\mathrm{AB}}+\overline{\mathrm{BC}}}$$

가 되고, $\overline{AB} = \overline{BC}$ 이므로

$$v = \frac{1}{2}\left(\frac{\overline{DE}}{\overline{AB}} + \frac{\overline{EF}}{\overline{BC}}\right) = \frac{1}{2}(v_1 + v_2)$$

가 되어, 각 구간의 일정한 속력의 평균이 된다. 따라서 이렇게 속력이 달라지는 경우 그때 그때의 속력의 변화를 고려하지 않고 물체가 움직인 전체 거리를 걸린 시간으로 나누어준 값을 평균속력이라고 정의하게 되는 것이다.

QUIZ 06

무거운 물체가 가벼운 물체보다 더 빨리 땅에 떨어진다고 주장한 사람은?

① 탈레스 ② 아리스토텔레스 ③ 플라톤

해설 아리스토텔레스는 무거운 물체가 가벼운 물체보다 빨리 떨어진다고 주장했고 그의 이론은 약 2000여 년 동안 인정을 받아왔다.

아리스토텔레스의 낙하법칙에 따르면 물체의 속력은 물체의 질량에 비례한다. 그러므로 5kg의 물체와 1kg의 물체를 100m의 높이에서 떨어뜨린다면 5kg의 물체가 바닥에 닿았을 때 1kg의 물체는 20m만 떨어져야 한다.

ANSWER

06 ②

QUIZ 07

갈릴레이의 낙하법칙이란 무엇인가?

해설 갈릴레이는 오랫동안 지배해왔던 아리스토텔레스의 낙하법칙이 틀렸음을 증명했다. 만일 무거운 물체와 가벼운 물체를 가느다란 줄로 묶어서 떨어뜨리면 어떻게 될 것인가? 아리스토텔레스의 주장대로라면 5kg의 물체는 빨리 떨어지려고 하고 1kg의 물체는 천천히 떨어지려고 하니까 1kg의 물체가 5kg의 물체가 빨리 떨어지는 것을 방해하게 된다. 그렇다면 5kg의 물체가 떨어질 때 보다 더 느린 속력을 가지게 된다. 하지만 두 물체는 줄로 묶여 있어 질량이 6kg인 하나의 물체로 볼 수 있는데 그렇다면 질량이 5kg인 물체보다 무거우니까 더 빨리 떨어져야 한다. 도대체 이 모순은 어디에서 오는 것일까?

갈릴레이는 아리스토텔레스의 낙하법칙에서 이러한 모순을 발견하고 올바른 낙하법칙을 찾으려고 노력했다. 갈릴레이는 물체가 같은 시간 동안 낙하한 거리는 물체의 질량과 관계없이 같음을 증명했다. 물체가 1초 동안 낙하한 거리, 2초 동안 낙하한 거리, 3초 동안 낙하한 거리의 비는 놀랍게도 1 : 4 : 9가 되었고 이것을 제곱으로 고치면 $1^2 : 2^2 : 3^2$으로 쓸 수 있었다. 이렇게 하여 그는 낙하하는 물체가 일정시간 동안 낙하한 거리는 시간의 제곱에 비례한다는 사실을 알아냈는데 이것이 바로 유명한 갈릴레이의 낙하법칙이다.

QUIZ 08

무거운 물체와 가벼운 물체가 같은 높이에서 동시에 바닥에 떨어진다는 것을 처음으로 실험한 사람은?

해설 갈릴레이의 생각은 1971년 아폴로 15호의 사령관인 데이비드 스콧이 달에서 망치와 깃털을 실제로 낙하시켰을 때 동시에 떨어진다는 것을 보여줌으로써 증명되었다.

QUIZ 09

갈릴레이의 피사의 사탑 실험은 진실일까? 거짓일까?

해설 갈릴레이가 피사의 사탑위에서 무거운 물체와 가벼운 물체를 동시에 떨어뜨려 두 물체가 동시에 바닥에 떨어지는 실험을 했다는 것은 잘못 알려진 얘기이다. 사실 이 실험은 1586년 네덜란드의 물리학자 스테빈이 10m 높이에서 10배 정도 무게의 차이가 있는 두 공을 떨어뜨려 두 공이 동시에 떨어진 것을 확인한 것인데, 1638년 갈릴레이의 책 『새로운 두 과학에 대한 대화』를 편집하던 그의 제자 비비아니가 갈릴레이가 피사의 사탑에서 실험을 한 것으로 적어 놓는 바람에 빚어진 오해이다.

ANSWER

08 데이비드 스콧 09 거짓이다.

QUIZ 10

속력과 속도는 어떻게 다른가?

해설 속력은 방향은 따지지 않고 빠르기만을 나타낸다. 하지만 물체의 운동을 기록할 때 빠르기 뿐 아니라 물체가 움직이는 운동 방향도 중요하다. 그러므로 물체의 빠르기뿐 아니라 방향도 고려할 수 있는 물리량이 필요한데 그것이 바로 속도이다.

예를 들어, 유니양이 1초 동안 5m를 움직였다고 하자. 즉 유니양의 이동거리는 5m이다. 하지만 그녀가 어느 방향으로 5m를 이동했는지는 알 수 없다. 이렇게 물체가 움직인 거리만으로는 물체의 이동방향을 결정할 수 없다. 그러므로 방향을 고려하여 물체의 위치 변화를 구하는 물리량이 필요한데 그것이 바로 변위이다.

물체가 직선상에서 이동할 때 변위는 물체의 나중위치의 좌표에서 처음위치의 좌표를 뺀 값이다. 미미양과 키키군이 등을 마주 보고 서 있다가 미미양은 3초 동안 오른쪽으로 6m를 걸어갔고 키키군은 같은 시간동안 왼쪽으로 6m를 걸어갔다고 하자. 두 사람이 처음 있었던 위치를 수직선의 원점으로 택하고 오른쪽 방향을 양(+)의 방향으로 왼쪽을 음(−)의 방향으로 택해보자. 정의에 의해 두 사람의 3초 동안의 변위를 구해보자.

$$\text{미미의 변위} = (+6m) - 0 = +6m$$
$$\text{키키의 변위} = (-6m) - 0 = -6m$$

두 사람이 같은 6m를 이동했지만 변위는 서로 다른 부호가 된다. 물론 두 사람의 이동거리는 똑같이 6m이다. 이때 변위를 시간으로 나눈 값을 평균속도라고 부른다.

$$\text{평균속도} = \frac{\text{변위}}{\text{시간}}$$

이제 두 사람의 평균속도를 구해보자.

$$\text{미미의 평균속도} = \frac{+6\text{m}}{3\text{s}} = +2\text{m/s}$$

$$\text{키키의 평균속도} = \frac{-6\text{m}}{3\text{s}} = -2\text{m/s}$$

여기서 s는 초를 나타내는 영어단어인 second의 첫 철자이고 2m/s를 초속 2미터라고 읽는다. 위 식을 보면 두 사람의 속도의 부호가 다르다. 여기서 속도의 부호는 이동방향을 나타낸다. 오른쪽을 양의 방향으로 택했으므로 양의 속도는 오른쪽으로 움직이는 것을 의미하고 음의 속도는 왼쪽으로 움직이는 것을 의미한다. 즉, 평균속도는 물체의 빠르기와 이동방향을 함께 나타내는 물리량이라는 것을 알 수 있다.

QUIZ 11

차를 타고 달리면서 거리의 나무를 보면 나무가 뒤로 달리는 것처럼 보인다. 이것은 나무의 상대 속도가 차가 달리는 방향과 반대방향이고 그 크기는 차의 속도와 같기 때문이다. 상대속도를 처음 도입한 물리학자는?

① 갈릴레이 ② 뉴턴 ③ 데카르트

ANSWER

11 ①

해설 갈릴레이는 속도에 대한 중요한 두 개의 법칙을 발견했다. 하나는 속도 덧셈의 법칙이고 또 하나는 상대속도의 도입이다. 먼저 속도덧셈의 법칙에 대해 설명해보자. 어떤 사람이 시속 60킬로미터로 달리는 버스 안에서 버스와 같은 방향으로 시속 4킬로미터로 걸어간다고 해보자. 그럼 버스 밖에 있는 관찰자가 볼 때 버스 안에서 걸어가는 사람의 속도는 얼마일까? 당연히 60 + 4 = 64이니까 시속 64킬로미터가 되는데 이것이 바로 속도 덧셈의 법칙이다.

이번에는 상대속도에 대해 얘기해보자. 우리가 고속도로를 달리면서 옆 차선의 차를 보면 차가 정지해 있는 걸로 보일 때가 있다. 이것은 두 차가 같은 방향으로 같은 속도로 달리기 때문이다. 움직이는 관찰자는 정지해 있는 관찰자와 다른 운동을 보게 되는데 움직이는 관찰자가 보는 물체의 속도를 상대속도라고 부른다. 상대속도는 물체의 실제 속도에서 움직이는 관찰자의 속도를 뺀 값으로 정의된다. 어떤 사람이 시속 60킬로미터로 달리면서 같은 방향으로 시속 60킬로미터로 옆 차선을 달리는 차를 보면 60 − 60 = 0이 되어 그 차의 상대속도는 0이 되어 옆 차가 정지해 있는 걸로 보이는 것이다.

달리면서 거리의 나무를 보면 나무가 뒤로 가는 것으로 보이는 것도 관찰자가 움직이고 있어서 나무의 실제속도를 보지 못하고 나무의 상대속도를 보기 때문이다. 예를 들어 시속 60킬로미터로 달리는 차에서 거리의 나무를 본다고 해보자. 나무의 실제속도는 0이고 관찰자의 속도는 시속 60이므로 0 − 60 = − 60으로부터 나무의 상대속도는 -60(km/h)가 된다. 여기서 음의 부호는 나무가 차와 반대 방향으로 움직이는 것으로 보이는 것을 뜻한다.

QUIZ 12

물체의 관성이란 무엇인가? 관성을 처음 정의한 과학자는 누구인가?

해설 버스를 타고 가다가 버스가 급브레이크를 걸면 몸이 앞으로 쏠린다. 왜 이런 현상이 생길까? 이게 바로 관성이라는 물체의 성질 때문인데 이제부터 관성에 대한 얘기를 해보자.

당구공을 큐로 치면 당구공이 힘을 받아 움직인다. 그런데 큐와 공이 떨어지면 더 이상 큐가 공에 힘을 작용하지 않았는데도 당구공은 왜 계속 굴러갈까? 이것도 바로 관성 때문이다. 관성은 다음과 같이 정의된다.

- 물체에 외부에서 힘이 작용하지 않으면 물체는 처음 운동 상태를 그대로 유지하려는 성질이 있는 데 그것을 물체의 관성이라고 부른다.

  즉 정지해 있었던 물체에 외부에서 힘이 작용하지 않으면 그 물체는 정지 상태를 그대로 유지한다. 또 2m/s로 움직이는 물체에 외부에서 힘이 작용하지 않으면 물체는 2m/s로 같은 방향으로 계속 움직인다.

  한 마디로 얘기하면 관성이란 물체가 과거 상태를 유지하려고 고집 피우는 행동이다. 이런 고집을 꺾으려면 물체에 힘을 작용하면 된다.

ANSWER

12 갈릴레이

물체의 관성은 이탈리아의 물리학자 갈릴레이가 처음 알아냈다. 그는 마찰이 없는 빗면을 따라 내려온 공은 반대편 빗변을 따라 처음 높이까지 올라갈 것이라고 생각했다.[1)]

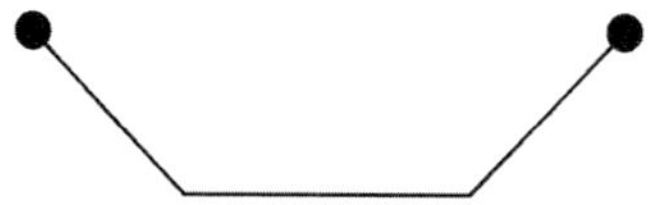

갈릴레이는 반대쪽 빗변을 점점 더 완만하게 했다. 그랬더니 공이 같은 높이를 올라가기 위해 더 긴 거리를 움직여야 했다.

갑자기 갈릴레이의 머릿속에 놀라운 생각이 떠올랐다. 반대쪽 빗변을 완전히 평평하게 하면 어떻게 될까? 공은 역시 같은 높이까지 올라가려고 계속 움직일 것이다. 그런데 가도 가도 같은 높이가 안 나타나니까 공은 끝없이 움직일 것이다. 그래서 그는 외부의 힘이 없을 때 움직이고 있는 물체는 계속 그 운동을 한다고 믿게 되었는데 이것이 바로 물체의 관성이다.

1) 실제 여러분이 실험해보면 조금 낮은 위치까지 올라갈 것이다. 그것은 마찰이 있기 때문이다. 하지만 마찰이 없는 빗면을 생각한다면 같은 높이까지 올라갈 것이다.

훗날 뉴턴은 갈릴레이의 관성에 대한 결과를 물체의 첫 번째 운동법칙으로 삼았는데 그것이 바로 관성의 법칙이다.

- 관성의 법칙 : 물체에 작용하는 합력이 0이면 물체의 속도는 처음과 달라지지 않는다.

여기서 왜 합력을 사용한 것은 물체에 두 힘이 작용할 때는 두 힘의 합력이 물체에 작용하는 전체 힘이기 때문이다. 그러니까 운동 제1법칙에 따르면 물체에 작용하는 합력이 0일 때 정지해 있던 물체는 그대로 정지하고 움직이고 있던 물체는 그 속도로 계속 움직이는 등속도 운동을 한다.

관성에 대한 가장 간단한 실험을 보자. 컵 위에 종이를 놓고 그 위에 동전을 올려놓자. 종이를 세게 잡아당기면 동전이 컵 속으로 떨어진다. 동전은 제자리에 있고 싶어하는 마음이 너무 강하고 종이는 사라져 버렸으니까 동전이 바닥으로 떨어지게 된다.

하지만 종이를 천천히 잡아당기면 동전이 종이와 함께 움직일 것이다. 왜 그럴까? 관성은 운동 상태가 변하는 것을 싫어하는 성질이니까 외부에서 운동 상태를 크게 변화시키려고 하면 물체의 관성의 효과가 크지만 외부에서 운동 상태를 작게 변화시키려고 하면 물체의 관성의 효과 또한 작아진다.

우리 주위에서 관성의 예를 살펴보자. 먼저 정지해 있던 물체가 그대로 정지해 있으려고 하는 관성의 예는 다음과 같다.

1. 옷의 먼지를 턴다.
   옷을 치면 옷에 붙어 있던 먼지는 관성 때문에 제자리에 있고 싶어 하고 옷은 움직이므로 옷과 먼지가 분리된다.
2. 버스가 급출발하면 사람들이 뒤로 넘어진다.
   버스가 정지해 있을 때 버스 안에 서 있는 사람 역시 정지 상태이다. 버스가 급출발 하면 관성에 의해 사람은 정지 상태를 유지하고 싶어 하고, 차는 오른쪽으로 움직이니까 사람이 뒤로 넘어지게 된다.
3. 휴지를 세게 잡아당기면 휴지가 끊어진다.
   두루마리 휴지에는 점선부분이 있는데 휴지가 잘 끊어지도록 만들어 둔 것이다. 걸려있는 휴지를 한 손을 빠르게 잡아당기면 점선 안쪽의 휴지부분이 제자리에 있고 싶어 하는 관성이 생겨 점선 부분이 끊어진다.

이번에는 움직이고 있던 물체가 그 속도로 그대로 움직이려고 하는 관성을 예를 보자.

1. 달리던 버스가 급브레이크를 걸면 사람들이 앞으로 넘어진다.
   달리던 버스가 갑자기 멈추면 사람은 앞으로 계속 가고 싶어하는 관성이 생긴다. 그런데 버스가 멈추니까 사람이 앞으로 넘어진다.
2. 뛰다가 돌부리에 걸려 넘어진다.
   달리는 사람은 계속 달리고 싶어 하는 관성이 있다. 그런데 발이 돌부리에 걸리니까 발은 못 움직이고 상체는 계속 움직이려고 하니까 돌부리를 중심으로 몸이 회전하게 된다.

3. 줄에 돌을 매달고 돌리다가 줄을 끊으면 돌이 날아간다. 줄에 매달린 돌은 원운동을 한다. 이때 속도의 방향은 원의 접선방향이다. 그런데 줄이 끊어지면 더 이상 돌이 원운동을 하게 하는 힘이 없으니까 마지막에 원을 돌던 속도 그대로 움직이려는 관성이 생긴다. 그러니까 돌은 접선방향으로 날아간다.

무거운 물체와 가벼운 물체 중에서 어느 게 관성이 더 클까? 정답은 무거운 물체이다. 다음과 같은 실험을 해보자.

용수철의 양끝에 두 개의 공을 매달자. 하나는 무거운 쇠공이고 하나는 가벼운 탁구공이다. 두 공이 맞닿을 때까지 용수철을 압축시킨 다음 손을 놓으면 용수철은 탄성 때문에 원래의 길이로 돌아가려고 한다. 이때 무거운 쇠공은 제자리에 있고 가벼운 탁구공만이 빠르게 튕겨 나간다.

이것은 무거운 쇠공이 제자리에 있고 싶어 하는 관성이 더 크기 때문이다. 이렇게 질량이 클수록 물체는 관성이 더 크다 예를 들어 무거운 배가 부두에 올 때는 아주 먼 곳에서부터 엔진을 꺼야한다. 그렇지 않으면 관성이 큰 무거운 배는 원래의 속도에서 정지 상태로의 변화가 어려우니까 부두와 부딪칠 위험이 있다.

QUIZ 13

이 과학자는 0.7과 같은 소수의 사용을 처음 주장했고 두 힘이 하나의 물체에 작용할 때 어떤 크기로 작용하는지를 알아내는 합력의 법칙을 발견한 것으로 유명하다. 이 과학자는 누구인가?

해설 네덜란드의 수학자이자 물리학자인 스테빈이 1586년 두 힘이 하나의 물체에 작용할 때 어떤 크기로 작용하는 지를 알아내는 합력의 법칙을 발표했다. 그는 같은 방향으로 작용하는 두 힘의 합력은 각각의 힘의 크기의 합이고 반대 방향으로 작용하는 두 힘의 합력은 두 힘의 크기의 차가 되며 합력의 방향은 둘 중 크기가 더 큰 힘의 방향임을 알아냈다. 또한 그는 나란하지 않는 두 힘이 하나의 물체에 작용하는 경우 두 힘의 합력의 크기는 두 힘을 두 변으로 하는 평행사변형의 대각선의 길이가 되고, 합력의 방향은 대각선의 방향이 된다는 사실을 알아냈다.

QUIZ 14

어떤 시각에서의 속력을 물체의 순간속력이라고 부른다. 미분을 이용해 순간속력을 처음 정의한 과학자는?

ANSWER

13 스테빈 14 뉴턴

해설 뉴턴은 갈릴레이의 평균속력이 거리를 시간으로 나눈 값으로 정의되는데 이때 시간을 거의 0에 가깝게 하면 어떤 시각의 속력을 정의할 수 있다는 것을 알아냈고 이 시각의 속력을 순간 속력이라고 불렀다.

QUIZ 15

평균가속도와 순간가속도를 정의하라.

해설 차를 타고 서울 시내 드라이브를 해보자. 도로에 차가 별로 없으면 여러분의 차는 쌩쌩 달릴 것이고 그때 여러분의 차의 속도는 크다. 그런데 길이 콱 막히면 여러분의 차는 아주 조금씩 움직이고 이때 차의 속도는 작다.

이때 일정 시간 동안 속도가 얼마나 변했는가를 따지기 위해 가속도라는 물리량이 도입되었다. 가속도는 평균가속도와 순간가속도를 정의할 수 있는데 어떤 시각으로부터 아주 짧은 시간 동안의 평균가속도를 그 시각의 순간가속도라고 한다. 평균가속도는 갈릴레이에 의해 순간가속도는 뉴턴에 의해 정의되었다.

가속도의 공식을 소개하기 전에 먼저 가속도가 무엇인가를 알아보기로 하자. 자동차와 트럭이 정지해 있다가 자동차는 2초 후에 속도가 20m/s로 되었고 트럭은 5초 후 25m/s가 되었다. 두 경우 속도의 변화 Δv(나중 속도 − 처음 속도)를 구해보자.

자동차 : $\Delta v = 20 - 0 = 20\text{m/s}$

트럭 : $\Delta v = 25 - 0 = 25\text{m/s}$

트럭이 더 빠른 속도에 도달했으니까 트럭의 평균가속도가 더 클까? 그렇진 않다. 두 차가 어떤 속도에 도달하는 데 걸린 시간이 다르기 때문에 속도의 변화만으로 비교하는 것은 공평하지 않다. 그래서 같은 시간 동안 속도의 변화를 비교하는 물리량이 필요한데 그것이 바로 가속도이다.

시간 Δt 동안 물체의 속도의 변화가 Δv일 때 물체의 평균가속도 a는 다음과 같이 정의된다.

- $\text{평균가속도} = \dfrac{\text{속도변화}}{\text{시간}}$

$$a = \frac{\Delta v}{\Delta t}$$

두 차의 평균가속도를 구해보자.

$$\text{자동차} : a = \frac{20 - 0}{2} = 10\text{m/s}^2$$

$$\text{트럭} : a = \frac{25 - 0}{5} = 5\text{m/s}^2$$

그러므로 자동차의 평균가속도가 더 크다.

속도의 방향은 물체가 움직이는 방향이다. 그렇다면 가속도의 방향도 물체가 움직이는 방향일까? 확인해보자.

처음에 정지해 있다가 3초 후 12m/s의 속도가 되는 버스의 평균가속도를 구해보자. 버스는 오른쪽으로 움직인다고 하면 버스의 속도의 방향은 오른쪽이고 평균가속도는

$$a = \frac{12 - 0}{3} = 4\text{m/s}^2$$

이다.

이번에는 12m/s의 속도로 달리던 버스가 3초 후에 멈추는 경우를 보죠. 역시 버스는 오른쪽으로 움직이고 있다.

이때 평균가속도는 $a=\frac{0-12}{3}=-4\mathrm{m/s^2}$이다. 가속도가 음수이다.

오른쪽 방향을 (+)방향으로 택하였으니까 음수인 가속도의 방향은 왼쪽 방향이다. 그러니까 다음과 같은 결론이 나온다.

- 물체의 속도가 증가하면 가속도의 방향은 물체가 움직이는 방향이다.
- 물체의 속도가 감소하면 가속도의 방향은 물체가 움직이는 방향과 반대이다.

QUIZ 16

등가속도운동이란 이름 그대로 가속도가 일정한 운동이다. 등가속도운동에서 위치, 속도를 구하는 공식을 만들어라.

해설 가속도는 일정시간 동안의 속도의 변화량이므로 일정시간 동안 속도의 변화량은 시간에 비례하게 되고 그 비례상수는 가속도가 된다.

등가속도 운동은 일정한 비율로 속도가 증가하거나 감소하는 운동을 말한다. 속도가 증가하는 경우는 양의 가속도를 갖고 속도가 감소하는 경우는 음의 가속도를 갖는다.

물체의 가속도가 a로 일정하고 물체의 처음 위치가 x_0, 처음 속도가 v_0라고 하면 등가속도운동을 나타내는 세 가지 중요한 공식은 다음과 같다.

(A) $v = v_0 + at$

(B) $x = x_0 + at + \frac{1}{2}at^2$

(c) $v^2 - v_0^2 = 2as = 2a(x - x_0)$

(A)는 시간 t일 때 물체의 속도를 구하는 식이고 (B)는 시간 t일 때 물체의 위치를 구하는 식이며 (C)는 (A)와 (B)에서 t를 소거한 식이다.

이제 이 공식들을 증명해보자.

(A) 가속도가 일정하므로 어떤 구간의 평균가속도를 취해도 일정하다.

처음 물체의 속도를 v_0라고 하고 시간 t일 때의 속도를 v라고 하면 시간 t동안의 평균가속도는

$$a = \frac{v - v_0}{t - 0}$$

이므로

$$v = v_0 + at \tag{1}$$

가 된다.

(B) 일정한 비율로 속도가 증가하거나 감소한다. 이런 경우 시간 t동안의 평균속도을 $\bar{v}$라고 하면

$$\bar{v} = \frac{\text{처음속도} + \text{나중속도}}{2}$$

$$= \frac{v_0 + (v_0 + at)}{2} = v_0 + \frac{1}{2}at \tag{2}$$

이다. 따라서 처음 물체의 위치를 x_0, 시간 t일 때의 물체의 위치를 x라고 하면

$$\bar{v} = \frac{x - x_0}{t - 0}$$

에서

$$x = x_0 + \bar{v}t \tag{3}$$

이다. (2)를 (3)에 넣으면

$$x = x_0 + v_0 t + \frac{1}{2}at^2 \tag{4}$$

이 된다.

(C) (1)에서 v^2을 구하면

$$v^2 = (v_0 + at)^2 = v_0^2 + 2v_0 at + a^2 t^2$$

이므로

$$v^2 - v_0^2 = 2v_0 at + a^2 t^2 = 2a(v_0 t + \frac{1}{2}at^2) \tag{5}$$

이다. 한편 (4)를 (5)에 넣으면

$$v^2 - v_0^2 = 2a(x - x_0) \tag{6}$$

이 된다.

여기서 하나의 의문이 생긴다. 속도가 일정한 비율로 변하면 왜

$$평균속도 = \frac{처음속도 + 나중속도}{2}$$

가 되는가?

이것은 평균의 정의 때문에 그렇다. 예를 들어 어떤 학생이 4회 시험을 쳤는데 점수가 일정한 비율로 증가한다고 하자. 예를 들어 다음과 같다고 해보자.

10점, 20점, 30점, 40점

이때 이 학생의 평균을 구하면

$$\frac{10+20+30+40}{4}=25$$

가 된다. 이것은

$$\frac{\text{처음점수}+\text{나중점수}}{2}=\frac{10+40}{2}=25$$

와 일치한다는 것을 알 수 있다.

QUIZ 17

힘의 단위는 영어로 무엇이라고 쓰는가?

① N ② J ③ C

해설 힘의 단위는 뉴턴(Newton)의 첫 철자를 써서 N이라고 쓰고 '뉴턴'이라고 읽는다. 1kg의 물체가 바닥을 누르는 힘의 크기는 약 10N이다.

QUIZ 18

뉴턴이 졸업한 대학은?

① 케임브리지 대학

② 옥스퍼드 대학

③ 런던 임페리얼 대학

ANSWER

17 ① 18 ①

해설 뉴턴은 갈릴레이가 죽은 해에 영국의 울스소프라고 부르는 작은 마을에서 태어났다. 뉴턴은 18살에 영국의 케임브리지 대학에 입학해 수학과 물리를 공부했다. 그리고 26살에는 케임브리지 대학의 교수가 되었다.

뉴턴은 어릴 때부터 수학과 과학을 좋아했다. 학교에서 배우는 수업보다는 과학책을 읽는 것을 좋아했다. 특히 뉴턴이 좋아한 책은 갈릴레이와 데카르트가 쓴 과학 책이었다. 뉴턴은 항상 무언가를 만드는 것을 좋아했는데 열네 살 때는 여동생을 위해 생쥐의 힘을 이용하여 돌아가는 풍차와 물의 힘으로 작동되는 나무 시계 등을 만들어 주었다.
뉴턴이 킹스 스쿨이라는 초등학교를 다닐 때 시험 성적은 아주 나빠 80명 중에서 거의 꼴등이어서 공부를 못하는 아이들끼리 모인 반에서 수업을 받았다. 그 시절 뉴턴의 운명을 바꿔 놓은 사건이 일어났다. 공부를 잘하는 학생이 뉴턴을 놀리자 이 일

로 뉴턴은 그 친구와 결투를 하여 이기고 그날 이후 뉴턴은 공부를 잘 하는 친구들을 이기고 싶어 했다. 그 후 뉴턴은 반에서 1, 2등을 다투는 학생이 되었다.

1664년 뉴턴이 영국 케임브리지 대학에서 수학을 공부하고 있을 때 영국에는 무시무시한 페스트가 퍼지고 있었다. 페스트는 쥐들이 옮기는 전염병인데 당시에는 페스트를 치료할 수 있는 약이 없어 한 번 걸리면 거의 죽게 되는 무서운 병이었다. 뉴턴은 이 무서운 전염병을 피하기 위해 사람들이 많이 살지 않는 조용한 울스소프로 내려가 2년 동안 고향집에서 혼자 연구를 했는데 이때가 뉴턴의 전성기로 이 시기에 뉴턴은 미분 적분, 만유인력, 운동법칙 등 위대한 업적을 모두 발견했다.

QUIZ 19

뉴턴이 만유인력을 발견하는 데 결정적인 역할을 한 과일은?

해설 뉴턴이 페스트를 피해 고향에 내려왔을 때 고향집에는 조그만 사과나무가 있었는데 뉴턴은 사과나무 아래 누워 생각하는 것을 좋아했다. 그 날도 뉴턴은 사과나무아래서 물체의 운동에 대해 고민하고 있던 중 잘 익은 사과 하나가 떨어졌다. 놀랍게도 뉴턴은 그때 사과가 왜 떨어지는지를 알 수 있었다.

뉴턴은 사과가 떨어지는 것은 지구가 사과에게 잡아당기는 힘을 작용했기 때문이라고 생각했다.

ANSWER

19 사과

사과와 지구는 둘 다 질량을 가지고 있는데 이렇게 질량을 가진 두 물체 사이에는 서로를 잡아당기는 힘이 존재한다는 것이 뉴턴의 생각이었다. 뉴턴은 이 힘을 만유인력이라고 불렀다.

QUIZ 20

뉴턴의 운동 제1법칙은 누가 처음 발견했나?

① 뉴턴　② 데카르트　③ 호이겐스

해설 뉴턴의 운동 제 1법칙은 관성의 법칙이라고 부르며 다음과 같다.

뉴턴의 운동 제 1법칙(관성의 법칙) : 외부에서 물체에 힘이 작용하지 않는 한 정지해 있던 물체는 정지 상태를 유지하고 일정한 속도로 움직이던 물체는 그 속도를 유지한다.

갈릴레이가 물체의 관성에 대해 발견한 후 데카르트는 관성과 힘 사이의 관계를 알아내 관성의 법칙을 발표했다. 뉴턴은 자신의 저서 『프린키피아』에서 데카르트의 관성의 법칙을 1법칙이라고 명명해 사람들의 뉴턴의 운동 제1법칙으로 부르지만 사실은 데카르트의 법칙이라고 하는 것이 옳다.

ANSWER

20 ②

QUIZ 21

뉴턴의 운동 제2법칙이란 무엇인가?

해설 처음에 정지해 있던 소형차를 작은 힘으로 밀고 1초 후의 자동차의 속도를 보자. 작은 힘으로 밀 때는 1초 후의 차의 속도가 작을 것이다. 이번에는 좀 더 큰 힘으로 밀어보자. 1초 후의 속도가 더 커질 것이다. 처음 정지해 있다가 1초 후 속도가 더 커진다는 것은 가속도가 커진다는 것을 말한다.

$$1초\ 동안의\ 가속도 = \frac{(1초후\ 속도) - 0}{1}$$

따라서 물체에 작용하는 힘이 클수록 물체의 가속도가 커진다는 것을 알 수 있다. 힘을 F, 가속도를 a라고 쓰면

- 물체의 질량이 일정할 때 힘은 가속도에 비례한다.

  $$F \propto a \qquad (1)$$

  이번에는 똑같은 힘을 두 개의 서로 다른 물체에 작용해 보자. 예를 들어 같은 힘으로 가벼운 소형차를 밀 때와 무거운 트럭을 밀고 1초 후의 속도를 비교해 보자. 소형차의 1초 후의 속도는 크지만 트럭의 경우는 작을 것이다. 즉 소형차의 가속도가 더 크다. 그러니까 같은 힘을 받았을 때 질량이 작을수록 가속도가 크다는 것을 알 수 있다. 물체의 질량을 m이라하면
- 물체에 작용한 힘이 일정할 때 질량과 가속도는 반비례한다.

  $$F가\ 일정할\ 때\ ma = 일정 \qquad (2)$$

  (1)과 (2)를 잘 살펴보면 물체에 작용한 힘은 가속도에 비례하고 힘이 일정할 때 질량과 가속도는 반비례함을 알 수 있다.

$$F=ma$$

이때 질량은 물체가 속도를 변화시키기 싫어하는 정도를 나타내는 양이다. 물체의 이러한 성질 (속도변화를 싫어하는 성질)을 관성이라고 하니까 질량이 클수록 관성이 커진다는 것을 알 수 있다.

$F=ma$를 다른 말로 뉴턴의 운동 제2법칙이라고 부른다. 이 식을 이용하면 많은 물리 문제를 들을 쉽게 해결할 수 있다. 여기서 한 가지 더 알아두어야 할 게 있다. 물체에 여러 개의 힘이 작용할 때 F는 작용한 힘들의 합력이라는 점이다. 그러므로 물체에 여러 힘이 작용하였지만 합력이 0이 되어 물체에 힘이 작용하지 않을 때도 있다. 이때 물체에 작용한 힘들이 평형을 이룬다고 말한다.

QUIZ 22

뉴턴의 운동 제3법칙이란 무엇인가?

해설 벽을 양손으로 밀어보면 벽이 사람을 미는 힘을 양손으로 느낄 수 있다. 만일 느낌이 안 온다면 뾰족한 돌로 이루어진 벽을 손으로 밀어보라. 뾰족한 돌이 손에 작용하는 힘을 느낄 수 있을 것이다. 이렇게 힘이란 두 물체 사이의 상호작용이다. 그러니까 내가 벽을 10N의 힘으로 밀면 벽도 나를 10N의 힘으로 민다. 이때 내가 벽을 미는 힘과 벽이 나를 미는 힘은 크기는 같고 방향이 반대이다.

힘은 물체의 상호작용의 결과이다. 그리고 힘은 홀로 존재하는 것이 아니라 반드시 쌍으로 나타난다. 그때 다음과 같은 법칙이 성립한다.

- 두 물체 A, B 사이에서 물체 A가 물체B에 가한 힘을 작용이라하면 물체 B도 물체 A에 크기는 같고 방향이 반대 힘을 가하게 되는 데 이것을 반작용이라고 부른다.
  이것을 뉴턴의 작용 반작용 법칙 또는 운동 제3법칙이라고 부른다.
  한 가지 조심해야 할 것이 있다. 작용 반작용은 두 물체 사이의 힘이라는 점이다. 그러니까 한 물체에 크기가 같고 방향이 반대인 힘이 작용하는 두 힘의 평형과는 다르다. 이것을 착각하는 사람들이 아주 많다. 다시 강조하지만 작용 반작용은 두 물체! 두 힘의 평형은 한 물체!

다음과 같은 것들이 작용 반작용의 예이다.

1. 노를 뒤로 저으면 배가 앞으로 간다.
   노를 뒤로 저으면 노가 물에 뒤 방향으로 힘을 작용하고 물도 노에게 반작용을 한다. 물이 노를 미는 힘의 방향은 배가 앞으로 가는 방향이므로 노와 함께 배와 사람이 앞으로 움직이게 된다.
2. 로켓이 날아간다.
   로켓은 연료가스를 뒤로 분출시킨 작용에 대한 반작용으로 앞으로 추진되는 장치이다. 이때 연료가스를 더 빠르게 많이 분출하면 로켓은 더욱 빨라진다.
3. 땅을 발로 힘껏 밀면 몸이 공중으로 떠오른다.
   땅을 발로 10N의 힘으로 밀면 땅도 발을 10N의 힘으로 위로 민다. 그 힘 때문에 사람이 위로 올라간다.

QUIZ 23

두 물체의 질량이 각각 A(kg), B(kg)이고 두 물체 사이의 거리가 R일 때 만유인력의 공식을 수식으로 나타내라.

해설 질량을 가진 두 물체는 서로를 끌어당기는 만유인력이 존재한다. 질량이 A(kg)인 물체와 질량이 B(kg)인 물체가 어떤 거리 R만큼 떨어져 있을 때 만유인력의 크기는 다음과 같다.

$$(\text{만유인력}) = \frac{0.000000000067 \times A \times B}{R^2}(\text{N})$$

이때 두 물체 사이의 거리는 두 물체의 중심과 중심사이의 거리이다. 예를 들어 질량이 1kg인 두 물체가 거리 1m 떨어져 있다고 하자. 이때 두 물체 사이의 만유인력은 다음과 같다.

$$(\text{만유인력}) = \frac{0.000000000067 \times 1 \times 1}{1^2} = 0.000000000067(\text{N})$$

QUIZ 24

지구에서의 중력가속도는 얼마인가?

해설 지구 표면에 있는 물체와 지구 사이의 만유인력을 계산해보자. 지구의 중심과 물체와의 거리는 지구의 반지름이다. 지구의 질량과 반지름을 다음과 같다.

지구의 질량＝6000000000000000000000000 kg

지구의 반지름＝6370000 m

이 값들을 공식에 넣으면 사과가 받는 만유인력은 다음과 같다.

(만유인력)=(사과의 질량)×10(N)

힘은 질량과 가속도의 곱이므로 물체가 받는 가속도는 10 m/s^2이다. 이렇게 지구가 물체를 잡아당기는 만유인력을 지구의 중력이라고 부르고 이 가속도를 중력가속도라고 부른다. 예를 들어 물체의 질량이 1kg이라면 물체가 지구로부터 받는 힘은 10N이 된다.

중력가속도의 값은 지구가 아닌 다른 행성이나 위성에서는 달라진다. 예를 들어 달의 경우는 중력가속도의 값이 지구의 중력가속도의 값의 6분의 1이 된다. 그러므로 물체가 받는 중력이 달에서는 지구에서 보다 6분의 1로 작다. 그래서 달에서는 지구에서 보다 쉽게 높은 곳까지 점프할 수 있다.

QUIZ 25

질량과 무게의 차이는 뭔가?

해설 질량의 물체의 무겁고 가벼운 정도를 나타내는 양으로 단위는 kg 또는 g이다. 하지만 무게는 지구가 물체를 잡아당기는 만유인력의 크기로 물체의 질량과 중력가속도의 곱이다.

QUIZ 26

지구표면에서 중력은 왜 일정할까?

해설 물체가 떨어지는 이유는 지구가 물체를 잡아당기는 중력 때문이다. 즉 지구와 물체사이의 만유인력 때문이다. 1m 높이에 있던 물체를 바닥에 떨어뜨리면 물체의 높이가 달라진다. 그러니까 지구중심과 물체와의 거리도 달라진다. 그렇다면 두 지점의 만유인력이 다르다. 하지만 우리는 대부분의 문제에서 지표상에서 물체가 받는 만유인력(중력)이 일정하다고 가정한다. 그 이유는 무엇일까?

질량이 m인 물체가 1m 높이에서 땅으로 떨어지는 경우를 보자. 지구의 질량을 M, 지구의 반지름을 R이라고 하자.

지표로부터 높이 x에 있을 때 물체가 받는 만유인력은

$$G\frac{Mm}{(R+x)^2}$$

이다. 이때 x는 0[m]부터 1[m] 사이의 값이 된다. 그런데 지구의 반지름 6470000m에 비하면 x는 너무 작은 값이다. 그러니까 다음과 같이 근사할 수 있다.

$$R+x \approx R$$

이 근사를 $G\frac{Mm}{(R+x)^2}$에 넣으면 물체가 받는 만유인력은

$$G\frac{Mm}{R^2}$$

이 된다. 그런데 G, M, R은 모두 일정한 값이므로 이 값을 넣어서 계산해 보면

$$\frac{GM}{R^2}=9.8\mathrm{m/s^2}$$

이 된다. 이것은 물론 가속도이다. 이것이 지구의 중력에 의한

가속도이기 때문에 이 가속도를 중력가속도라고 하고 이것을 보통 g로 나타낸다. 그러니까 지구표면 근처에서 질량 m인 물체가 올라가고 내려가고 하는 문제의 경우 물체가 받는 중력은 mg로 일정하게 놓을 수 있다.

따라서 지표상에서 낙하하는 물제는 일정한 가속도를 가지므로 등가속도 운동을 한다. 하지만 지표로부터 수백 km 성공에서 움직이는 위성 문제의 경우에는 이런 근사를 쓸 수 없다.

QUIZ 27

이 과학자는 사람을 극도로 꺼려 하루 종일 집에서 지내는 것으로 유명하다. 이 과학자는 수소를 발견했으며 만유인력의 법칙을 실험적으로 증명했다. 이 과학자는 누구인가?

해설 뉴턴의 만유인력법칙을 실험적으로 증명한 사람은 영국의 물리학자 캐번디시이다. 그는 정확한 실험을 통해 만유인력 상수를 찾아냈다.

캐번디시가 실험적으로 알아낸 만유인력 상수는 0.000000000067259 $(\mathrm{N \cdot m^2/kg^2})$인데 뉴턴이 만유인력을 발견한 지 150년이 지나서 이 법칙을 증명한 역사적인 실험으로 평가되고 있다.

ANSWER

27 캐번디시

캐번디시는 아주 민감한 비틀림 저울을 이용하여 납덩어리 사이의 작은 힘을 계산함으로써 측정하였는데, 그는 막대기 양 끝에 작은 금속 공을 달아 마치 천칭저울처럼 실로 매달고, 작은 금속 공 옆에 큰 금속공 을 놓고 공 사이에 작용하는 인력에 의해 막대기가 비틀리는 정도를 정밀 측정했다.

비틀림 정도를 통해 그는 만유인력 상수를 얻었으며, 이것으로 지구의 질량을 정확히 계산했다. 캐번디시는 만유인력 상수의 측정에 대해 처음에는 지구의 무게를 재는 실험이라고 하였는데, 그 이유는 만유인력 상수의 값을 알기만 하면 지구의 질량이 쉽게 계산되기 때문이다.

그의 연구 결과, 지구의 질량은 약 6500000000000000000톤이고, 밀도는 물의 약 5.5배였다. 후에 졸리는 민감한 저울의 한 끝에 수은을 넣은 구형의 플라스크를 매달아 만유인력 상수를 측정할 수 있는 보다 간단한 방법을 개발했다.

QUIZ 28

자유낙하는 지구가 잡아당기는 중력 때문에 물체가 지구로 떨어지는 현상이다. 지구표면에서 중력가속도가 g로 일정하므로 자유낙하는 등가속도 운동이다. 이때 낙하거리와 시간과의 관계를 찾아라.

해설 질량이 m인 물체가 받는 중력은 mg이므로 뉴턴의 운동제2법칙에 의해

$$ma = mg$$

이 되어 $a = g$가 된다. 즉, 자유낙하란 처음속도가 0인 낙하운동을 말한다.

가속도가 일정하므로 어느 구간을 택해도 평균가속도는 g이다. 낙하 후 1초, 2초, 3초, …때의 속도를 각각 v_1, v_2, v_3, … 라고 하자. 처음 속도는 0초 때의 속도이니까 v_0라고 쓰면 $v_0 = 0$이다. 0초에서 1초 사이의 평균가속도의 정의를 쓰면

$$\text{평균가속도} = \frac{\text{나중속도} - \text{처음속도}}{\text{속도변화에 걸린시간}}$$

에서

$$g = \frac{v_1 - v_0}{1 - 0}$$

이므로 $v_1 = g$이다. 1초와 2초 사이의 평균가속도도 역시 g이므로

$$g = \frac{v_2 - v_1}{1 - 0}$$

에서 $v_2 = 2g$이다.

2초와 3초 사이의 평균가속도가 g이므로

$$g = \frac{v_3 - v_2}{1 - 0}$$

에서 $v_3 = 3g$이다.

각 구간에서의 평균속도를 구해 보자.

0초와 1초 사이 : 평균속도$= \dfrac{v_0 + v_1}{2} = \dfrac{g}{2}$

1초와 2초 사이 : 평균속도$= \dfrac{v_1 + v_2}{2} = \dfrac{3g}{2}$

2초와 3초 사이 : 평균속도$= \frac{v_2+v_3}{2} = \frac{5g}{2}$

평균속도에 시간을 곱하면 이동거리가 되므로

0초에서 1초까지 이동한 거리$= \frac{g}{2} \times 1 = \frac{g}{2}$

1초에서 2초까지 이동한 거리$= \frac{3g}{2} \times 1 = \frac{3g}{2}$

2초에서 3초까지 이동한 거리$= \frac{5g}{2} \times 1 = \frac{5g}{2}$

이제 0초부터 1초, 2초, 3초 동안 움직인 거리를 구해보자.

0초에서 1초까지 이동한 거리$= \frac{g}{2}$

0초에서 2초까지 이동한 거리$= \frac{g}{2} + \frac{3g}{2} = \frac{4g}{2}$

0초에서 3초까지 이동한 거리$= \frac{g}{2} + \frac{3g}{2} + \frac{5g}{2} = \frac{9g}{2}$

그러니까 1초, 2초, 3초 동안 낙하한 거리의 비는

$$\frac{g}{2} : \frac{4g}{2} : \frac{9g}{2} = 1 : 4 : 9$$

가 된다.

물론 등가속도운동의 공식에 넣어서 결과를 얻을 수도 있다. 처음낙하거리가 0이고 처음속도가 0이니까

t초 후 물체의 속도와 낙하거리를 각각 v, s라고 하면

$$v = gt \tag{1}$$

$$s = \frac{1}{2}gt^2 \tag{2}$$

이 된다. 이 식에 대입해 보면 1초, 2초, 3초 동안 낙하거리를 각각

s_1, s_2, s_3라고 하면

$$s_1 = \frac{1}{2}g, \ s_2 = \frac{1}{2}g \times 4, \ s_3 = \frac{1}{2}g \times 9$$

가 되어 $s_1 : s_2 : s_3 = 1 : 4 : 9$가 된다.

또한 (1)과 (2)를 연립하면

$$v = \sqrt{2gs} \tag{3}$$

를 얻을 수 있다.

QUIZ 29

비는 높은 곳에서 떨어진다. 낙하법칙에 따라 높은 곳에서 떨어진 빗방울의 속도는 점점 커져 사람의 머리에 부딪힐 때는 엄청나게 큰 속도가 될텐데 왜 사람들은 비를 맞아도 아프지 않은 걸까?

해설 그것은 바로 공기저항 때문이다. 지구는 대기로 뒤덮여 있다. 대기란 공기분자들이 움직이는 것을 말한다. 물체가 떨어지면서 공기분자들과의 충돌하는 데 이때 공기분자들이 물체에 작용하는 힘을 공기저항이라고 한다. 이 힘은 지구가 물체를 잡아당기는 중력과 반대방향으로 작용한다.

보통 물체가 빠를수록 큰 공기저항을 받는다. 그러니까 물체의 속도가 v일 때 공기저항은

$$-Kv$$

가 된다. 따라서 물체가 받는 힘은 지구의 중력과 공기저항의

합이다. 힘은 방향을 고려해야 한다. 그러니까 중력의 방향을 +방향이라고 하면 공기저항의 방향은 −방향이 된다. 이것이 부호 −를 붙인 이유이다.

질량이 m인 물체가 떨어질 때 받는 힘은 중력과 공기저항의 합이므로 두 힘의 합력을 F라고 하면

$$F = mg - Kv$$

가 된다. 물체는 낙하하면서 점점 공기저항을 많이 받아 나중에는 두 힘의 합력이 0이 되는 상황에 이르게 된다. 그러면 뉴턴 제1법칙에 의해 물체의 속도는 일정해 지는데 이 속도를 물체의 끝속도라고 부른다. 그러니까 끝속도을 v_t라고 하면

$$0 = mg - Kv_t$$

에서

$$v_t = \frac{mg}{K}$$

가 된다. 그러니까 질량이 클수록 끝속도가 커진다는 것을 알 수 있다. 여기서 K는 공기저항계수라고 부르는데 물체가 공기저항을 많이 받느냐 적게 받느냐를 나타내는 계수이다. 일반적으로 물체가 공기와 닿는 넓이가 클수록 공기저항계수가 커지게 되고 이때 물체의 끝속도는 작아진다. 이것을 이용한 것이 바로 낙하산이다. 낙하산은 사람이 그냥 떨어지는 경우보다 더 많은 공기정항을 받게 하는 기구이다. 그러니까 낙하산을 타면 공기저항계수가 커지므로 끝속도가 작아져서 땅에 느린 속도로 떨어지니까 다치지 않게 되는 것이다.

QUIZ 30

최초로 진자시계를 발명한 과학자는 누구인가?

① 뉴턴　② 호이겐스　③ 갈릴레이

해설 호이겐스의 가장 창조적인 시기는 1650~1666년으로 이 시기에 많은 업적을 남겼는데 그 중 가장 중요한 업적은 최초의 시계 발명이다.

그네와 같이 진자 운동을 하는 물체가 제자리로 돌아오는 데 걸리는 시간이 진자의 폭과 관계없이 항상 일정하다는 것은 갈릴레이가 처음 발견했다. 물체가 진자운동을 하게 하면 그때 물체가 제자리로 돌아오는 데 걸리는 시간은 매단 물체의 질량과는 아무 관계가 없고 단지 줄의 길이와만 관계 되는데 갈릴레이는 줄의 길이가 길수록 물체가 제자리로 돌아오는 데 걸리는 시간이 길어진다는 것을 알아냈다.

이 실험을 좀 더 정교하게 시도한 호이겐스는 줄의 길이와 물체가 제자리로 돌아오는 데 걸리는 시간 사이의 수학적인 관계식을 처음 찾아내는 데 성공했다. 호이겐스는 바로 진자의 이런 성질을 이용하면 진자가 시계의 역할을 할 수 있다고 생각했다. 이렇게 하여 발명된 것이 바로 호이겐스의 진자시계이다.

ANSWER

30 ②

QUIZ 31

굴러가던 공이 영원히 굴러가지 않고 멈추는 것은 마찰력 때문이다. 마찰력이 존재한다는 것을 처음 알아낸 과학자는?

해설 1779년 쿨롱의 법칙으로 유명한 프랑스의 쿨롱은 움직이던 물체가 멈추는 이유와 무거운 바위를 밀어도 바위가 움직이지 않는 이유를 마찰력을 도입해 설명했다.

무거운 바위를 밀었는데도 바위가 움직이지 않는 것은 미는 힘과 크기는 같고 방향은 반대인 힘이 바위에 작용하기 때문인데 이렇게 물체가 정지해 있을 때의 마찰력을 정지마찰력이라고 부른다.

쿨롱은 표면이 거칠수록 물체의 무게가 클수록 마찰력이 커진다는 것을 알아냈다.

움직이고 있는 물체도 마찰력을 받는데 이때 물체에 작용하는 마찰력을 운동 마찰력이라고 부른다. 즉, 굴러가던 공은 운동 마찰력 때문에 결국은 멈춘다.

물체가 수평면에 놓여 있을 때 질량 m인 물체의 정지마찰력은

$$f = \mu_s mg$$

가 된다. 여기서 μ_s를 정지마찰계수라고 부른다.

ANSWER

31 쿨롱

물체에 힘을 작용해도 물체가 안 움직이는 것은 바로 정지 마찰력 때문이다. 그러나 정지마찰력에도 한계가 있다. 그래서 물체가 그 한계보다 더 큰 힘을 받으면 물체는 움직이기 시작한다. 바로 이 순간의 마찰력을 최대정지 마찰력이라고 부른다.

가령 물체의 최대정지마찰력이 5N이라고 하면 5N보다 작은 힘으로 물체를 밀 때 물체는 안 움직이지만 그 보다 큰 힘으로 밀면 물체는 움직이게 된다.

물체가 수평면위를 움직일 때 물체의 운동마찰력은

$$f = \mu_k mg$$

이 된다. 여기서 μ_k를 운동마찰계수라고 부른다. 물체에 힘을 작용하면 처음에는 정지마찰력이 작용하지만 물체가 일단 움직이기 시작한 후 부터는 운동마찰력이 작용한다.

- 물체가 움직이기 전 : 물체에 작용한 힘=정지 마찰력
- 물체가 움직인 후 : 운동마찰력=일정한 크기

따라서 최대정지마찰력보다 큰 힘을 물체에 작용하여 물체를 움직이게 하였을 때 물체에 작용하는 힘의 합력은 물체에 작용한 힘에서 운동마찰력을 뺀 값이 된다. 이렇게 물체가 운동 중에도 마찰을 계속 받기 때문에 나중에는 물체가 받는 힘의 합력이 0이 되어 물체가 멈추게 된다.

QUIZ 32

용수철을 잡아당겼을 때 용수철이 늘어난 길이가 잡아당긴 힘의 크기에 비례한다는 법칙을 발견한 과학자는?

해설 세포를 처음 발견해 유명해진 영국의 물리학자 로버트 훅은 1678년 용수철의 탄성력에 대한 훅의 법칙을 발견했다.

용수철을 잡아당기면 용수철은 늘어난다. 이렇게 물체가 힘을 받아 모양이 변하는 물체를 탄성체라고 한다. 이때 용수철을 쥐고 있던 손을 놓으면 용수철은 원래의 길이로 돌아간다. 이렇게 탄성체가 원래의 모양으로 돌아가려고 하는 성질을 탄성이라고 한다.

이때 용수철을 세게 잡아당길수록 용수철의 길이가 더 많이 늘어난다는 것을 알 수 있다. 이때 잡아당기는 힘은 외부에서 용수철에 작용한 힘

이므로 외력이라고 부른다. 즉 용수철의 늘어난 길이는 외력에 비례한다. 그 비례상수를 k라고 하고 외력을 F, 용수철의 늘어난 길이를 x라고 하면 다음 식이 성립한다.

$$F = kx$$

이때 k를 용수철상수 또는 탄성계수라고 한다. 여기서 용수철상수는 무엇을 의미하는가? 용수철상수는 용수철이 얼마나 잘 늘어나는가를 나타낸다. 예를 들어 다음과 같은 두 개의 용수철을 보자.

ANSWER

32 훅

용수철A : 10N으로 당기면 1cm 늘어난다.

용수철B : 10N으로 당기면 2cm 늘어난다.

용수철 A와 B를 같은 힘으로 잡아 당길 때 용수철 B는 더 많이 늘어난다. 이때 두 경우 k를 구해보자.

용수철 A : $k=\frac{10}{1}=10\text{N/cm}$

용수철 B : $k=\frac{10}{2}=5\text{N/cm}$

즉 k의 값이 작을수록 같은 힘으로 당길 때 더 잘 늘어나는 용수철이다,

이번에는 용수철의 입장에서 생각해보자. 용수철을 힘 F로 잡아당기면 용수철은 원래의 길이로 돌아가고 싶어 하는 힘을 갖는다, 이것을 용수철의 탄성력이라고 하는 데 이것은 외력과 크기는 같고 방향은 반대이다. 그러므로 용수철이 x만큼 늘어나 있을 때 용수철의 탄성력 F는 다음과 같다.

$$F=-kx$$

여기서 음의 부호는 외력과 반대방향을 나타낸다. 즉 용수철을 많이 늘어나게 하려면 그만큼 큰 힘이 필요한데 이때 용수철이 원래의 모습이 되려는 탄성력도 그만큼 커지게 된다.

QUIZ 33

운동량이란 무엇인가?

해설 질량이 30kg인 날씬양과 질량이 100kg인 뚱띠군이 서 있다. 똑 같은 힘으로 두 사람을 밀었다. 어랏! 날씬양은 잘 움직이

는 반면 뚱띠군은 잘 움직이는군. 왜 그럴까? 뚱띠군의 질량이 크기 때문이다. 질량이 크면 관성이 크니까 운동상태를 변화시키기 어렵거든. 이렇게 정지해 있는 물체의 관성은 질량과 관계가 있다.

그렇다면 움직이고 있는 물체의 관성은 무엇과 관계 있을까? 정지해 있는 물체를 움직이게 하기 어려운 정도를 정지해 있는 물체의 관성이라고 한다면 움직이고 있는 물체를 멈추게 하기 어려운 정도는 움직이는 물체의 관성이라고 말할 수 있다.

날씬 양이 10m/s의 무서운 속도로 뛰어 오고 있고 뚱띠군이 1m/s의 느린 속도로 걸어오고 있다. 누구를 멈추게 하기 더 힘들까? 당연히 날씬양이다. 하지만 이상하군. 날씬양 보다는 뚱띠군의 질량이 더 큰데… 움직이고 있는 물체의 관성은 질량 뿐 아니라 속도도 고려해야 한다.

정밀 분석을 해보자. 뚱띠군이 1m/s의 속도로 걸어오는 경우와 10m/s의 속도로 뛰어 오는 경우 중 언제 뚱띠군을 멈추게 하기 어려울까? 당연히 10m/s의 속도로 달려올 때이다. 그러니까 다음 사실이 성립한다.

• 질량이 같을 때는 속도가 클수록 물체를 멈추게 하기 어렵다.

이번에는 날씬양과 뚱띠군이 같은 속도로 뛰어 온다고 해보자. 누구를 멈추게 하기 어려울까? 물론 뚱띠군이다. 그러니까 다음 사실을 알 수 있다.

• 속도가 같을 때는 질량이 클수록 물체를 멈추게 하기 어렵다.

움직이는 것을 멈추게 한다는 것은 운동상태의 변화이다. 그런데 물체의 질량이 클수록 그리고 속도가 빠를수록 운동상태를 변화시키기 어렵다. 그러므로 운동하고 있는 물체가 자신의 운동상태를 그대로 유지하고 싶어하는 성질을 관성이라고 하면 이때 관성은 질량과 속도가 클수록 커지게된다. 따라서 (질량)×(속도)가 운동하는 물체의 관성을 나타내는데 이것을 물체의 운동량이라고 부른다.

운동량을 p, 물체의 질량과 속도를 각각 m, v라고 하면 다음과 같다.

$$p = mv$$

운동량의 단위는 질량의 단위 kg과 속도의 단위 m/s의 곱인 kg · m/s이다.

QUIZ 34

운동량을 질량과 속도의 곱으로 처음 정의한 과학자는?

해설 운동량은 갈릴레이가 처음 임페토(impeto)라는 이름으로 생각했지만 그 정확한 정의는 내리지 못했다. 그 후 데카르트가 운동량을 운동의 기본 힘으로 정의했지만 그것은 틀린 표현이었다. 그 다음 뉴턴은 운동량을 모터스라고 불러 운동법칙과 연결시켰지만 운동량의 정확한 표현을 사용하지 않았다. 운동량을 질량과 속도의 곱으로 정의해 두 물체의 충돌 문제를 완벽하게 풀어낸 과학자는 네덜란드의 호이겐스이다.

ANSWER

34 호이겐스

QUIZ 35

충격량과 충격력의 차이는 무엇인가?

해설 예를 들어, 고미남군이 12시 정각에 방에서 잠들었다고 하자. 12시 5분에 고미남군의 애견 하리가 고미남군의 배 위에 올라갔다. 하리의 무게는 50N이다. 고미남군은 하리가 배 위에 올라탄 줄 모른 채 잠자고 있다. 12시 10분 하리는 갑자기 고미남 군의 배에서 뛰어 내려 부엌으로 갔다. 이때 고미남군의 배가 받은 힘을 그래프로 그려보면 다음과 같다.

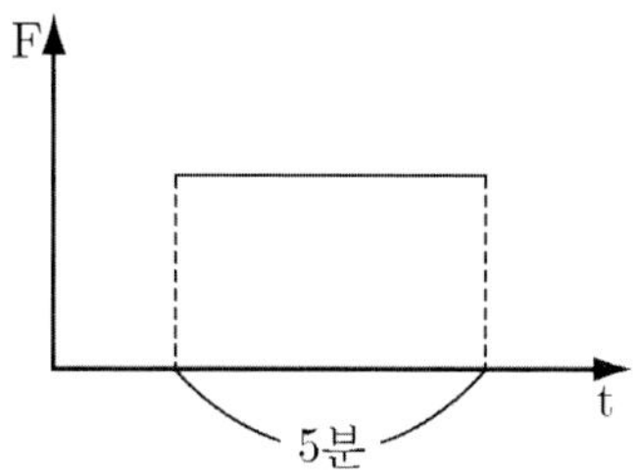

위 그래프를 보면 힘이 5분 동안만 작용했다. 이렇게 일정한 시간동안만 작용하는 힘을 충격력이라고 부른다. 하리의 무게는 고미남군의 배에 작용한 충격력이다. 물론 하리가 그리 무겁지 않으니까 고미남군은 작은 충격력을 받았을 것이다. 하지만 80kg의 쌀 한 가마 (무게 800N)를 올려놓으면 고미남군은 엄청난 충격을 느낄 것이다. 어떤 시간동안 물체가 얼마나 충격을 받는가를 나타내는 물리량을 충격량이라고 부른다.
에릭군과 하니양이 누워있다. 하니양의 배에는 1kg인 강아지가 올라타 있고 에릭군의 배에는 100kg의 고릴라가 올라타 있

다. 누가 더 큰 충격을 받을까? 물론 남자가 더 큰 충격을 받는다. 그건 고릴라의 무게가 강아지의 무게보다 커서 남자의 배가 받는 충격력이 더 크기 때문이다. 그러니까 다음 사실을 알 수 있습니다.

• 충격량은 힘(충격력)에 비례한다.

이번에는 하니양과 에릭군의 배에 똑같은 질량을 가진 볼링공을 올려 놓았다. 하니양에게는 1분 동안 에릭군에게는 하루 종일 올려 놓았다고 하자.

누가 더 큰 충격을 받을까? 물론 에릭군이다. 두 사람의 배에 작용한 충격력은 공의 무게이므로 두 사람의 배에 작용한 충격력은 같다. 하지만 남자의 경우 충격력이 작용한 시간(공이 올라탄 시간)이 훨씬 길기 때문에 더 큰 충격을 받을 것이다. 그러므로 다음 사실을 알 수 있다.

• 충격량은 충격력이 작용한 시간에 비례한다.

이제 우리는 충격력이 클수록 충격이 작용한 시간이 길수록 물체가 받는 충격량이 커진다는 것을 알았다. 그러므로 다음과 같이 충격량을 정의할 수 있다.

$$\text{충격량} = \text{충격력} \times \text{충격에 작용한 시간}$$

충격력 F가 일정한 시간 t 동안 작용하는 경우 힘과 시간사이의 그래프를 그리면 다음과 같다.

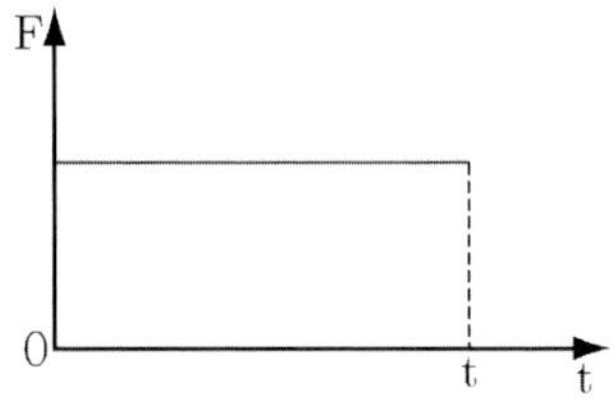

이때 직사각형의 넓이는 힘(충격력)과 힘이 작용한 시간의 곱이므로 바로 충격량 Q가 된다.

$$Q = F \times t$$

따라서 충격량의 단위는 힘의 단위 N과 시간의 단위 s의 곱인 N・s이다.

QUIZ 36

충격력과 운동량 사이에는 어떤 관계가 있는가?

해설 정지해 있는 물체를 손으로 툭 치면 물체가 움직인다. 이것은 물체가 힘을 받았기 때문이다. 이때 물체에 작용한 힘은 손과 물체가 접촉한 시간[2]에만 작용했으므로 충격력이다.

이런 충격력을 받은 물체는 무엇이 변했을까? 그것은 바로 속도이다. 그러므로 속도와 질량의 곱인 운동량도 변했다.

- 물체에 충격력을 작용하면 물체의 운동량이 변한다.

이제 이들 사이의 관계를 찾기 위해 질량 m인 물체에 힘 F가

2) 비교적 짧은 시간이다.

시간 t 동안 작용하는 경우를 생각하자. 이때 충격량 Q는

$$Q = Ft \qquad (1)$$

한편 운동제2법칙에의해 이 힘에 의해 물체에 생긴 가속도를 a 라고 하면

$$F = ma \qquad (2)$$

이때 가속도는 속도의 변화를 시간으로 나눈 값이므로 충격력을 받기 직전 물체의 속도를 v_1, 충격력을 시간 t 동안 받은 후 의 속도를 v_2 라고 하면

$$a = \frac{v_2 - v_1}{t} \qquad (3)$$

이다. (2)(3)를 (1)에 넣으면

$$Q = Ft = mat = m\frac{v_2 - v_1}{t} \times t = mv_2 - mv_1$$

(충격량)=(운동량의 변화량)

여기서 mv_1은 충격력이 작용하기 직전 물체의 운동량이고 mv_2는 충격력이 t 동안 작용한 후 물체의 운동량이다. 그러므로 다음 사실을 알 수 있다.

• 물체에 작용한 충격량은 물체의 운동량의 변화이다.

예를 들어 정지해 있던 질량이 2kg인 물체에 100N의 힘을 0.1초 동안 작용하면 물체의 속도는 얼마가 될까? 그 속도를 v라고 하면

(충격량)=(운동량의 변화량)

$$100 \times 0.1 = 2 \times v - 2 \times 0 \qquad \therefore\ v = 5\,(\mathrm{m/s})$$

정지해 있던 물체가 일정시간 동안 힘을 받으면 물체의 속도가 생긴다는 것을 알 수 있다.

물체의 운동량을 크게 증가시키려면 어떻게 해야할까? 그것은 물체에 큰 충격량를 주면 된다. 그러니까 큰 힘(충격력)을 오래 작용하면 물체의 운동량은 크게 증가한다. 정지해 있던 물체의 운동량을 크게 해주면 물체의 속도가 커진다. 그러니까 어떤 물체에 가해진 충격량이 크면 물체의 속도를 크게 증가시킬 수 있다.

예를 들어 장거리포는 포신이 길게 설계되어 있는데 그것은 포탄에 작용하는 힘[3]을 오랫동안 작용하여 포탄이 포신을 떠날 때의 속도를 크게 하기 위해서이다.

지금까지는 물체에 충격력이 작용하여 물체의 운동량이 변하는 경우를 보았다. 그렇다면 반대로 운동량의 변화가 충격력을 만들어 낼까?

예를 들어 질량 1kg인 야구공이 10m/s의 속도로 벽을 향해 날아가서 벽과 부딪친 후 반대방향으로 5m/s의 속도로 튀었다고 하자.

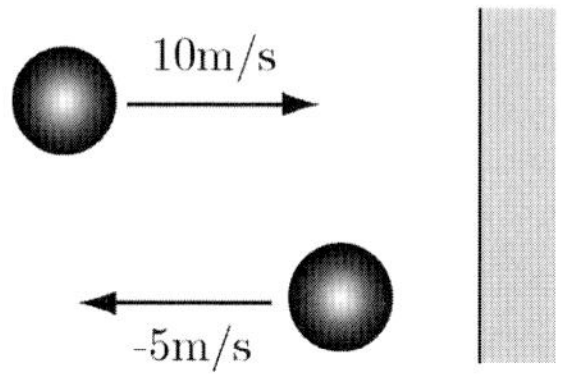

이때 야구공의 운동량의 변화는 얼마인가? 오른쪽으로 움직이는 속도를 양의 부호로 택하자.

3) 폭발하는 화약의 힘이다.

$$(\text{충돌 전 운동량}) = 1 \times 10 = 10\text{kg m/s}$$

$$(\text{충돌 후 운동량}) = 1 \times (-5) = -5\text{kg m/s}$$

$$\therefore (\text{운동량의 변화량}) = (-5) - (+10) = -15\text{kg m/s}$$

무엇이 야구공의 운동량을 변하게 했을까? 그것은 야구공이 벽과 접촉해 있는 동안 벽이 야구공에 작용한 충격량이다. 즉 벽이 야구공에 작용한 힘과 시간과의 곱이다.

벽이 야구공에 작용한 힘을 F라고 하고 야구공이 그 힘을 받은 시간이 0.1초 동안이라면 야구공이 받은 충격량은 $F \times 0.1$이므로 다음 식이 성립한다.

$$(\text{충격량}) = (\text{운동량의 변화량})$$

$$F \times 0.1 = -15 \quad \therefore F = -150N$$

여기서 음의 부호는 힘이 왼쪽으로 작용한다는 것을 뜻한다.

그런데 작용 반작용의 원리에 의하면 공도 벽에 크기는 같고 방향은 반대인 힘을 작용한다.

그러므로 야구공도 벽에 $150N$의 충격력을 작용한다. 야구공에 맞은 유리창에 깨지는 것은 야구공이 유리창에 작용한 충격력 때문이다.

이렇듯 두 물체의 충돌과정에서는 서로가 서로에게 크기는 같고 방향은 반대인 충격력을 작용한다. 투수가 던진 야구공을 배트로 때리는 경우는 야구공과 배트의 충돌문제이다. 이때 야구공이나 배트나 같은 크기의 충격력을 받게 된다.

이제 충격력에 대해서 좀 더 얘기해보자.

$$(\text{충격량}) = (\text{운동량의 변화})$$

를 다시 쓰면

$$(\text{충격력})\times(\text{시간})=(\text{질량})\times(\text{속도 변화})$$

양변을 (시간)으로 나누면

$$(\text{충격력})=(\text{질량})\times\frac{(\text{속도변화})}{(\text{시간})}=\frac{(\text{운동량변화})}{(\text{시간})}$$

따라서 충격력은 충돌에 걸린 시간이 짧을수록 그리고 물체의 운동량의 변화가 클수록 커지게 된다.

차를 타고 달리다가 브레이크가 고장났을 때 단단한 벽과 부딪치면 큰 충격력을 받게 될 것이다. 그것은 벽과 충돌하면 힘이 작용한 시간은 짧아 큰 충격력이 작용하기 때문이다. 대신 모래나 건초더미에 부딪친다면 차의 운동량의 변화량은 같지만 힘이 작용하는 시간 길어지므로 차에 작용하는 충격력은 작아진다.

다음 경우들은 일상생활에서 충격력과 관련된 상황들이다.

1. 화재가 났을 때 에어매트에 떨어지면 충돌에 걸리는 시간이 길어져 작은 충격력을 받아 안 다칠 수 있다.
2. 높은 곳에서 떨어질 때 발, 무릎, 엉덩이, 배를 차례로 구부려 충돌시간을 길게 하면 작은 충격력을 받는다.
3. 날아오는 야구공을 잡을 때 손을 뒤로 빼면서 잡으면 충돌시간이 길어져 손이 덜 아프다. 이때 손을 앞으로 뻗으면서 받으면 충돌시간이 짧아져 손이 더 아프게 된다.
4. 태권도선수가 기와장을 깰 때 기와장과 손이 접촉하는 시간을 짧게하면 큰 충격력으로 기와장을 격파할 수 있다.

머리에 물체가 떨어졌을 때 머리가 얼마나 아픈가는 물체가 머리에 작용한 충격력과 관계 있다. 즉 큰 충격력을 받을 때 머리가 더 아프다. 다음 예를 통해 머리에 충돌하는 물체가 충돌 후 어떤 모습이 되었을 때 더 큰 충격력을 주는 가를 알아보자.

질량이 2kg로 같은 구슬이 에릭군과 하니양의 머리로 떨어졌다. 두 구슬은 같은 높이에서 떨어져 두 사람의 머리에 같은 시각에 도착했다. 두 사람의 머리에 부딪치는 순간 구슬의 속도는 똑같이 3m/s라고 하자. 에릭군의 머리에 떨어진 구슬은 머리에 부딪친 후 위로 3m/s의 속력으로 튀어 올라갔고 하니양의 머리에 부딪친 구슬은 머리에 부딪친 후 멈췄다고 하자. 두 경우 충격력이 작용한 시간이 0.1초로 같다면 누구의 머리가 더 아플까?

아래 방향의 속도를 (+) 방향으로 택하자. 에릭군의 머리에 떨어진 구슬의 속도의 변화는 $-3-3=-6(\mathrm{m/s})$이고 하니양의 머리에 떨어진 구슬의 속도의 변화는 $0-3=-3(\mathrm{m/s})$이므로 두 사람의 경우 머리가 구슬에 작용한 충격력은

$$\text{에릭}: F=\frac{2\times(-6)}{0.1}=-120(\mathrm{N})$$

$$\text{하니}: F=\frac{2\times(-3)}{0.1}=-60(\mathrm{N})$$

따라서 구슬이 에릭군의 머리와 하니양의 머리에 준 충격력은 각각 +120N과 +60N이다. 그러므로 두 배의 충격력을 받은 에릭군의 머리가 더 아플 것이다. 이렇게 물체와 부딪쳤을 때 물체가 받는 충격력은 되튐이 클수록 크다.

QUIZ 37

외부에서 힘이 작용하지 않으면 물체들의 운동량의 합이 달라지지 않는다는 것을 운동량보존 법칙이라고 부른다. 이 법칙을 처음 알아낸 과학자는?

해설 가벼운 물체가 무거운 물체와 충돌하면 무거운 물체의 속도는 변하지 않고 가벼운 물체의 속도는 크게 변한다는 것을 처음 알아낸 사람은 데카르트이다. 하지만 데카르트는 운동량에 대한 개념을 세우지 못했고 결국 운동량 보존 법칙을 발견하는데 실패했다.

데카르트의 충돌문제에 깊은 관심을 보여 운동량을 정의하고 운동량 보존 법칙을 발견한 과학자는 네덜란드의 호이겐스이다.

운동량보존법칙에 대해 좀 더 자세히 알아보자. 두 물체가 서로 다른 속도로 움직이다가 충돌하면 두 물체의 속도가 달라진다. 따라서 두 물체의 운동량도 달라질 것이다.

이때 충돌하기 전 두 물체의 운동량의 총합과 충돌한 후 운동량의 총합 사이에는 어떤 관계가 있을까? 그 관계가 바로 운동량 보존 법칙이다. 이제 그것에 대해 얘기해 보기로 하자.

다음 그림과 같이 질량이 각각 m_1, m_2인 두 물체가 서로 다

ANSWER

37 호이겐스

른 속도 v_1, v_2[4]로 움직이고 있었다고 하자.

이때 두 물체의 운동량은 m_1v_1, m_2v_2이므로 두 물체의 운동량의 총합은 다음과 같다.

(충돌전 운동량의 합)$= m_1v_1 + m_2v_2$

이제 두 물체가 충돌하는 경우를 보자.

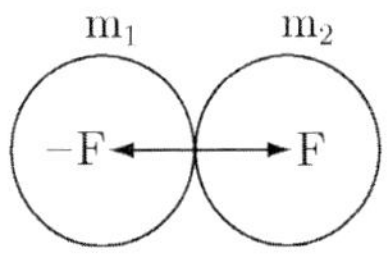

여기서 충돌에 걸린 시간을 t라고 하고 질량 m_1 물체가 질량 m_2물체에 작용한 충격력을 F라고 하면 질량 m_2 물체가 질량 m_1 물체에 작용한 힘은 작용반작용 원리에 의해 −F가 된다. 이렇게 힘은 받은 두 물체는 속도가 변하게 된다. 그러므로 충돌 후 두 물체의 바뀐 속도를 각각 v_1', v_2'이라고 하면 다음 그림과 같이 된다.

4) 이때 오른쪽으로 움직이는 속도는 (+)로 왼쪽으로 움직이는 속도는 (−)로 약속한다.

충돌 후 두 물체의 운동량은 m_1v_1', m_2v_2'이므로 두 물체의 운동량의 총합은 다음과 같다.

$$(\text{충돌 후 운동량의 합}) = m_1v_1' + m_2v_2'$$

이때 두 물체의 충돌에 대해 다음과 같은 운동량 보존 법칙이 성립한다.

$$(\text{충돌 전 운동량의 합}) = (\text{충돌 후 운동량의 합})$$
$$m_1v_1 + m_2v_2 = m_1v_1' + m_2v_2'$$

예를 들어 질량이 1kg으로 같은 두 공이 충돌하여 하나가 되어 움직이는 다음과 같은 세 경우를 살펴보자.

(i) 속도 10m/s로 오른쪽으로 움직이는 공A가 정지해 있는 공 B와 부딪쳐 하나가 되어 움직인 경우를 보자.

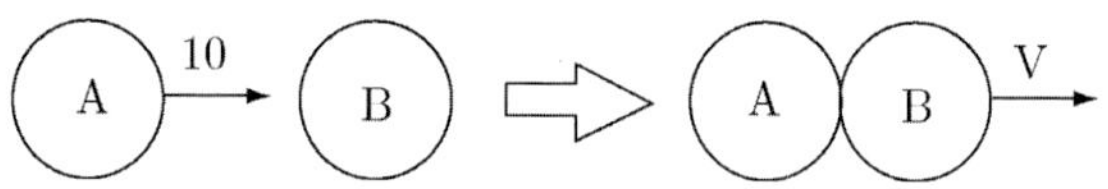

충돌 후 하나가 되었을 때 속도를 V라고 하면 운동량 보존으로부터

$$(\text{충돌전 운동량의 합}) = (\text{충돌 후 운동량의 합})$$
$$1 \times 10 + 1 \times 0 = 2 \times V \quad \therefore \quad V = 5(\text{m/s})$$

따라서 충돌 후 하나가 된 두 공은 5m/s의 속도로 오른쪽으로 움직인다.

(ii) 속도 20m/s로 오른쪽으로 움직이는 공A가 속도 10m/s로 오른 쪽으로 움직이는 공 B와 충돌하여 하나가 되어 움직인다고 해보자.

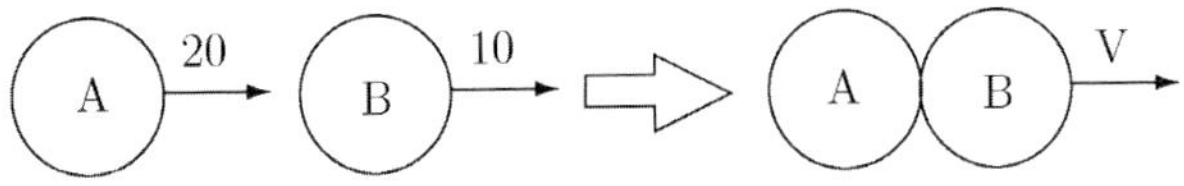

충돌 후 하나가 되었을 때 속도를 V라고 하면 운동량 보존으로부터

(충돌전 운동량의 합)=(충돌 후 운동량의 합)

$$1 \times 20 + 1 \times 10 = 2 \times V \quad \therefore \; V = 15(\mathrm{m/s})$$

따라서 충돌 후 하나가 된 두 공은 15m/s의 속도로 오른쪽으로 움직인다.

(iii) 속도 20m/s의 속력으로 오른쪽으로 움직이는 공과 속도 20m/s의 속력으로 왼쪽으로 움직이는 공이 충돌 후 하나가 되어 움직인다고 하자.

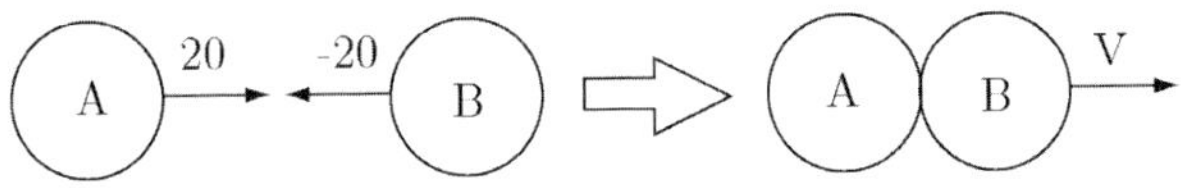

충돌 후 하나가 되었을 때 속도를 V라고 하면 운동량 보존으로부터

(충돌전 운동량의 합)=(충돌 후 운동량의 합)

$$1 \times 20 + 1 \times (-20) = 2 \times V \quad \therefore \; V = 0$$

따라서 충돌 후 하나가 된 두 공은 정지한다.

운동량 보존 법칙의 다른 예를 살펴보자. 정지해 있던 폭탄이 터지면 여러 개의 조각이 제각각 다른 속도로 튀어 나가는 것을 볼 수 있다. 이렇게 정지해 있던 하나의 물체가 두 개 이상의 물체로 분리되는 과정을 폭발이라고 하는 데 이 경우 역시 운동량보존법칙을 써서 조각들의 속도를 결정할 수 있다.

다음 그림과 같이 질량이 M인 물체가 정지해 있다가 폭발하여 각각의 질량이 m_1, m_2인 두 물체로 분리되었다고 하자.

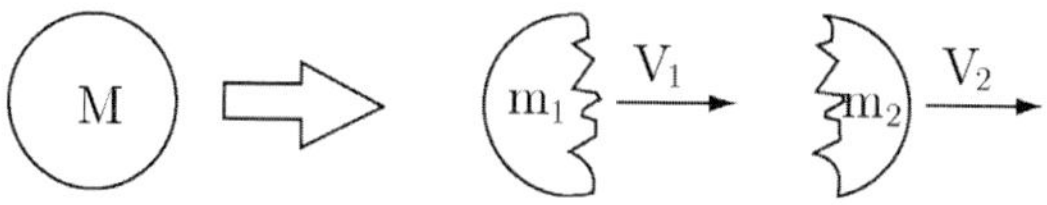

이때 폭발 후 두 조각의 속도를 각각 v_1, v_2라고 하면 운동량 보존법칙으로부터 다음 식이 성립한다.

(분리전 운동량의 합)=(분리후 운동량의 합)

$$M \times 0 = m_1 v_1 + m_2 v_2$$

이 식으로부터 v_1이 (+)이면 v_2는 (−)가 되므로 일직선상에서 분리가 일어날 때 두 조각은 서로 반대방향으로 움직인다는 것을 알 수 있다.

가장 간단한 예로 총알이 튀어 나갈 때 총의 반동을 들 수 있다. 예를 들어 질량이 10kg인 총에 질량이 1kg인 총알을 넣었다고 하자. 방아쇠를 당겼더니 총알이 오른쪽으로 30m/s의 속도로 날아갔다고 하자. 이때 총은 얼마나 빠른 속도로 움직일까?

이때 총의 속도를 V라고 하면

(분리전 운동량의 합) = (분리후 운동량의 합)

$$(10+1) \times 0 = 10 \times V + 1 \times 30 \quad \therefore \quad V = -3(\text{m/s})$$

따라서 총은 왼쪽으로 3m/s의 속력으로 움직인다, 이것을 총의 반동속도이다. 그러므로 총알이 무거울수록 그리고 총알이 빠를수록 총의 반동속도도 커지게 된다.

QUIZ 38

반발계수란 무엇인가?

해설 농구를 할 때 단단한 바닥에서 하는 경우와 모래사장에서 하는 경우를 비교해보자. 두 경우 같은 높이에서 떨어진 농구공이 다시 튀어 오르는 높이가 다르다. 이 경우 단단한 바닥이 더 높이 튀어 오를 것이다. 더 높이 튀어 오른다는 것은 더 빠른 속력으로 공이 튀어 올랐다는 것이다. 이렇게 바닥의 성질에 따라 바닥과 충돌한 후 물체의 운동상태의 변화가 달라진다. 일반적으로 물체가 바닥에 들어갈 때의 속력보다 바닥과 충돌 후 튀어나오는 속력이 더 작은데 얼마나 작아지는가를 나타내는 비례상수를 반발계수라고 부른다.

다음과 같이 공이 벽에 부딪칠 때의 속도를 v이라고 하고 벽에 부딪친 후 속도를 v'라고 하자.

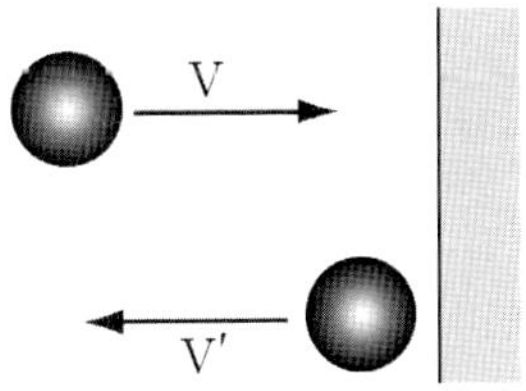

이때 오른쪽으로 움직이는 방향을 (+) 속도값으로 정하면 v은 (+)이고 v'는 (−)가 된다. 이때 반발계수 e는 다음과 같이 정의된다.

$$e = -\frac{v'}{v}$$

여기서 음의 부호는 두 속도의 부호가 다른 데 e가 (+)가 되도록 정의하기 위해 붙인 것이다.
예를 들어 다음 세 경우를 보자.

(i) 10m/s의 속도로 부딪쳐 충돌 후 −10m/s의 되었을 때 반발계수는

$$e = -\frac{-10}{10} = 1$$

이다. 이렇게 방향은 바뀌지만 충돌 전후 속력이 달라지지 않는 충돌을 완전탄성충돌이라고 부른다.

(ii) 10m/s의 속도로 부딪쳐 충돌 후 −5m/s의 되었을 때 반발계수는

$$e = -\frac{-5}{10} = 0.5$$

이다. 이렇게 충돌 후 속력이 줄어들면 e가 0과 1사이의 값을 가지게 되는 데 이때를 비탄성충돌이라고 부른다.

(iii) 10m/s의 속도로 부딪쳐 충돌 후 멈추었을 때 반발계수는

$$e = -\frac{0}{10} = 0$$

이다. 이렇게 충돌 후 속력이 0이 되는 충돌을 완전비탄성충돌이라고 부른다.

QUIZ 39

네덜란드의 호이겐스는 물체가 원운동을 하기 위해서는 이 힘이 필요하다고 주장했다. 이 힘의 이름은?

해설 진자시계의 연구로부터 호이겐스는 원운동을 일으키는 힘에 대해 궁금하게 여기게 되었다. 줄에 공을 매달고 빙글빙글 돌리면 공은 원운동을 한다. 어떤 힘이 공이 원운동을 하게 하였을까?

이 점에 대해 호이겐스는 원운동을 하는 물체는 원운동의 중심 방향으로 작용하는 새로운 힘을 받는 데 그 힘을 구심력이라고 불렀다. 구심력은 물체의 질량과 속도의 제곱의 곱에 비례하고 원의 반지름에 반비례한다는 것도 알아냈다.

질량 m인 물체가 반지름 r인 원 주위를 돌면서 일정한 속력 v로 움직이면 이때 물체가 원을 따라 돌기 때문에 속도의 방향은 원의 접선 방향이다.

이때 물체가 원운동을 하기 위해 필요로 하는 구심력은 다음과 같다.

$$F = m\frac{v^2}{r}$$

이 공식으로부터 다음 사실을 알 수 있다.

- 물체가 빠르게 원운동을 하기 위해서는 큰 구심력이 필요하다.
- 원의 반지름이 작을수록 큰 구심력이 필요하다.

ANSWER

39 구심력

구심력의 예를 들어 보자.

1. 줄에 돌을 매달아 돌린다고 하자. 이때 구심력의 역할을 하는 것은 줄의 장력이다.
2. 위성이 지구 주위를 원운동할 때 구심력은 만유인력이다.
3. 자동차가 커브 길을 돌 때 구심력은 자동차 바퀴의 마찰력이다.
4. 양동이에 물을 채워 양동이를 줄로 매달아 돌릴 때 양동이가 가장 높은 지점에 올라가 거꾸로 되어도 물이 안 떨어지는 것은 물이 바닥을 미는 힘에 대한 양동이 바닥의 반작용(바닥이 물을 아래로 미는 힘)이 구심력 역할을 하기 때문이다. 물론 이때 양동이의 구심력은 양동이에 매달린 줄의 장력이다.

이렇게 물체가 원운동을 하기 위해서는 구심력이 필요하다. 이때 물체가 구심력을 받지 못하면 물체에는 힘이 작용하지 않으니까 관성의 법칙에 의해 등속도운동을 한다. 예를 들어 줄에 돌을 매달아 돌리다가 줄이 끊어지면 돌은 더 이상 힘을 받지 않으므로 줄이 끊어지기 직전의 속도의 방향 (원운동의 접선방향)으로 날아간다.

구심력을 못 받아서 물체가 밖으로 밀려나는 현상은 여러 예에서 볼 수 있다. 예를 들어 빙글빙글 도는 원판에 서있는 사람을 생각해 보자. 이 사람이 원판에 붙어 돌 수 있게 하는 것은 이 사람과 바닥과의 마찰력이다. 원판이 빠르게 돌면 이 사람이 원판 위를 돌기 위해 필요한 구심력이 더 커질 것이다. 이때 마찰력이 필요로 하는 구심력 역할을 하지 못하면 사람은 원판 밖으로 밀려나게 된다.

또, 커브 길을 도는 자동차의 경우 눈이 와서 길이 미끄러워지면 마찰력이 작아진다. 이때 차가 큰 속력으로 회전하면 마찰력이 그만한 구심력을 만들어 낼 수 없기 때문에 차가 회전방향의 반대방향으로 미끄러지게 된다.

퀴즈 물리학의 역사: 고대 ~ 근대

제 2 부

전기와 자기

QUIZ **01**

겨울철 건조한 날 차 문을 열 때 찌릿 찌릿하는 것은 정전기 현상 때문이다. 정전기 현상을 처음 알아낸 사람은 누구일까?

해설 정전기 현상에 대한 가장 오래 된 기록은 고대 그리스 물리학자 탈레스의 기록이다. 양의 가죽으로 호박(송진이 굳어서 된 보석)을 문질렀을 때 호박에 새의 깃털들이 달라붙는 것을 본 탈레스는 이때의 현상을 기록해 두었다. 영어로 '전기'를 뜻하는 'electric'이라는 말은 그리스어인 '호박(electron)'에서 유래한 것이다.

QUIZ **02**

자석을 영어로 magnet이라고 하는 이유는?

해설 자석은 영어로 마그넷이라고 부른다. 이 이름에는 두 가지 설이 있다.
하나는 기원전 2000년 경 자석을 처음 발견한 양치기소년의 이름이 마그네스라고 해서 자석을 마그넷이라고 불렀다는 얘기이다. 이 소년이 쇠붙이로 된 지팡이를 들고 이 나라 저 나라를 돌아다니다가 지팡이를 끌어당기는 이상한 돌을 발견했는데 그것이 자석이었다는 것이다.

ANSWER

01 탈레스

다른 하나는 지금으로부터 2500년 전에 자석이 그리스의 마그네시아 지방에서 처음 발견되었기 때문에 그 이름과 비슷하게 붙여진 이름이라는 얘기이다.

고대 그리스 사람들은 자석이 쇠붙이를 끌어당기는 신비한 능력을 지니고 있다고 생각해서 자석을 '끌어당기는 돌'이라고 불렀다.

QUIZ 03

나침반은 어느 나라에서 처음 발명되었나?

① 영국 ② 중국 ③ 인도

해설 고대 중국에서는 자석이 쇠붙이를 끌어당기므로 '사랑의 돌'이라고 불렀다. 마치 부모가 아이들을 자신의 품으로 끌어당기는 것처럼 이 돌이 쇠붙이들을 사랑했기 때문이다. 처음 중국 사람들은 자석을 이용하여 마술을 하는 데 사용했다. 사람들은 쇠붙이가 자석에 저절로 끌려가 철커덕 달라붙는 모습을 보고 아주 신기하게 생각했다.

또한 중국 사람들은 세계에서 처음으로 자석으로 나침반을 만들어 배를 타고 여행하는 데 이용했다. 이것은 유럽 사람들이 나침반을 발명하기 수 백 년 전의 일이다.

ANSWER

03 ②

QUIZ **04**

지구가 자석이라는 것을 처음 알아낸 과학자는?

해설 지구가 하나의 거대한 자석이라는 것을 처음 알아낸 사람은 영국의 의사인 길버트이다. 그는 회전할 수 있는 자석의 어느 한 극이 가리키는 방향이 항상 북쪽임을 알아냈다. 그래서 그는 그 하나의 극을 N극이라고 부르고 반대쪽을 S극이라고 불렀다. 길버트는 자신의 저서 『자석에 관하여』라는 책에서 서로 반대의 극 사이에는 서로를 당기는 힘이 작용하고 서로 같은 극 사이에는 서로를 밀치는 힘이 작용한다는 사실을 기록했다. 그는 이 사실로부터 지구 속에는 거대한 자석이 있으며 그 자석은 S극이 북쪽을 N극이 남쪽을 가리킨다고 생각했다. 나침반의 N극이 항상 북쪽을 가리키는 것은 지구의 북극에 지구 속 자석의 S극이 있기 때문이라고 그는 생각했다.

QUIZ **05**

자석의 같은 극끼리 서로를 밀치는 힘의 크기가 두 극 사이의 거리의 제곱에 반비례한다는 사실을 처음 발견한 사람은?

ANSWER

04 길버트 05 미첼

해설 1750년 영국 케임브리지 대학의 미첼은 자석과 자석 사이의 힘이 거리의 제곱에 반비례한다는 사실을 알아냈다. 미첼의 실험은 훗날 쿨롱의 실험에 영향을 주었다.

QUIZ 06

기전기란 정전기가 많이 생기게 하는 장치를 말한다. 기전기를 최초로 발명한 사람은 누구인가?

해설 17세기에 와서는 좀 더 많은 전기를 모이게 할 수 있는 기전기가 발명되었다. 최초의 기전기는 1660년 괴리케가 발명했다.

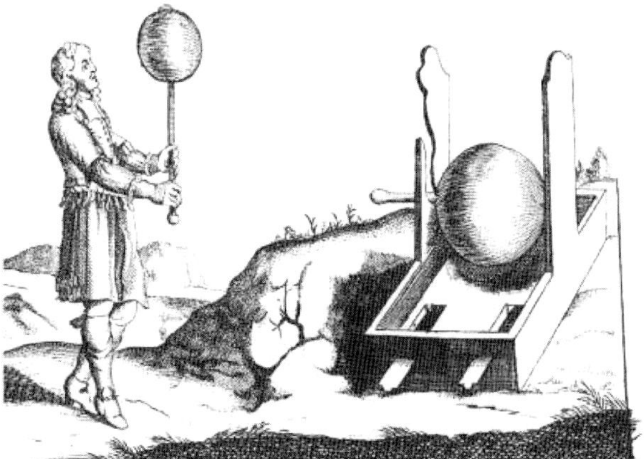

ANSWER

06 괴리케

그는 유황으로 만든 공을 회전시키면서 헝겊으로 마찰시킴으로써 공에 많은 전기가 모이게 할 수 있었다. 그는 기전기를 이용하여 공에 가벼운 물질들이 달라붙는 현상과 뾰족한 금속을 대었을 때 생기는 불꽃 방전을 확인하였다.

1709년 영국 왕립학회의 기구제작자인 혹스비(Francis Hauksbee, ca. 1666~1713)는 괴리케의 것보다 강력한 기전기를 발명했다. 그의 기전기는 유리공이 회전하면서 마찰에 의해 많은 전기를 모을 수 있는 장치였다.

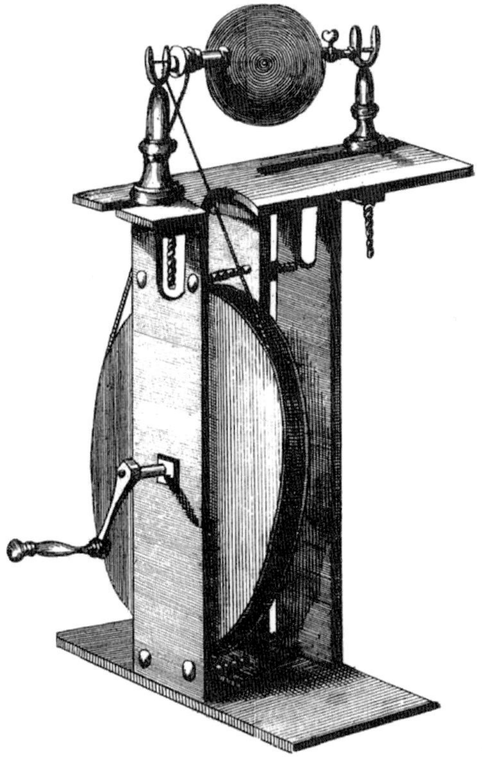

하지만 기전기는 사람이 문지르는 수고를 덜어주는 역할을 하는 것뿐이었지 기전기로 인해 전기의 실체를 알게 된 것은 아니었다.

QUIZ 07

전기를 잘 통하는 물체를 도체라고 하고 전기를 잘 통하지 않는 물체를 부도체라고 한다. 도체와 부도체를 처음 정의한 과학자는 누구인가?

해설 영국의 그레이는 실험을 통해 이 세상의 물질을 전기를 통하게 하는 물질과 전기를 안 통하게 하는 물질의 두 가지로 나눌 수 있다는 것을 알아냈다. 그는 전기를 통하는 물질을 도체라고 불렀는데 쇠와 구리와 같은 금속들이 도체이다. 그는 전기를 통하지 않는 물질을 부도체라고 불렀는데 나무 종이 고무와 같은 물질이 부도체이다.

도체를 통해 전기가 이동하는 것을 전기의 전도라고 한다. 그러므로 그레이는 전기의 전도를 처음으로 발견한 사람이다. 또한 그는 전기를 잘 통하는 도선을 통해 전기를 먼 곳까지 이동시킬 수 있었다.

ANSWER

07 그레이

QUIZ 08

아래 그림은 어떤 과학자가 소년의 몸에 정전기를 모아 바닥에 있는 먼지가 소년의 몸에 달라붙게 하는 실험을 하는 모습이다. 이 과학자는 누구인가?

① 놀레 ② 그레이 ③ 패러데이

해설 그레이는 기전기를 이용해 소년의 몸에 전기를 띠게 하고 줄을 통해 천장에 매달았다. 소년이 바닥 가까이 내려오자 바닥의 먼지들이 날아올라 소년의 몸에 달라붙었다. 같은 시대에 프랑스의 놀레 신부도 그레이의 실험을 재현했다. 놀레는 또한 자신이 손수 고안한 정전기 발생장치를 이용하여 여인의 몸에 전기를 띠게 했다.

ANSWER

08 ②

여인이 다른 사람을 손으로 만지자 전기가 그 사람에게 전해졌다. 여인의 몸에 전기가 많을 때는 불꽃이 튀기도 했다. 놀레는 손가락처럼 뾰족한 곳에는 다른 부분에 비해 전기가 더 많이 모인다는 것을 처음 알아냈다.

QUIZ 09

두 종류의 전기가 있다는 것을 처음 알아낸 사람은?

① 쿨롱 ② 패러데이 ③ 뒤페

해설 프랑스의 물리학자 샤를 뒤페(Charles du Fay, 1698~1739)는 여러 가지 물체를 마찰 시켜 전기를 띠게 했을 때 어떤 물체들 사이에는 인력이 작용하고 어떤 물체들 사이에는 척력이 작용한다는 것을 알아냈다.

ANSWER

09 ③

뒤페는 이것은 전기가 두 종류가 있기 때문으로 같은 전기를 띤 물체 사이에는 척력이 다른 전기를 띤 물체 사이에는 인력이 작용하기 때문이라 생각했다. 뒤페는 두 종류의 전기를 각각 수지 전기와 유리 전기라고 불렀다.

QUIZ 10

뒤페가 발견한 두 종류의 전기를 양(+)의 전기와 음(−)의 전기로 명명한 사람은?

해설 미국의 프랭클린은 뒤페가 발견한 두 종류의 전기를 (+)전기(양의 전기)와 (−)전기(음의 전기)로 불렀다. 두 서로 다른 물체를 마찰시키면 둘 중 한 물체는 (+)전기를 띠고 다른 한 물체는 (−)전기를 띤다. 이렇게 마찰에 의해 물체가 전기를 띠는 것을 대전이라고 하는 데 어떤 물질이 (+)전기를 띠고 어떤 물체가 (−)전기를 띠는 지를 쉽게 알아볼 수 있는 것을 대전열이라 부른다.

(+) 털가죽 - 유리 - 명주 - 나무 - 고무 - 플라스틱 (−)

위 대전열을 보면 털가죽이 가장 (+)전기를 띠고 싶어 한다는 것을 알 수 있다. 대전열에서 왼쪽에 있는 물질과 오른쪽에 있는 물질을 마찰시키면 왼쪽에 있는 물질은 (+)전기를 오른쪽에 있는 물질은 (−) 전기를 띤다.

ANSWER

10 프랭클린

프랭클린은 두 물체를 마찰 시키는 양의 전기를 띤 소자가 한 물체에서 다른 물체로 이동해 소자를 얻은 물체는 양의 전기를 띠고 소자를 잃은 물체는 음의 전기를 띤다고 생각했다. 그는 양의 전기를 띤 소자가 도선을 따라 이동할 수 있는 데 이것을 전류라고 불렀다. 따라서 전류는 양의 전하를 띤 소자가 이동하는 현상이다.

QUIZ 11

쿨롱의 법칙을 처음 발견한 사람은?

① 쿨롱 ② 캐번디시 ③ 앙페르

해설 1785년 프랑스의 쿨롱(Charles Augustin Coulomb, 1736~1806)은 전기를 띤 두 물체사이의 힘의 크기를 측정하고 싶어 했다. 전기를 띤 두 물체사이의 힘을 전기력이라고 부르는 데, 그는 프리스틀리와 캐번디시가 발명한 비틀림 저울을 이용하여 전기를 띤 두 물체가 어떤 거리만큼 떨어져 있을 때 두 물체사이의 전기력은 두 물체가 띤 전기의 양의 곱에 비례하고 떨어진 거리의 제곱에 반비례한다는 것을 알아냈는데 이것을 쿨롱의 법칙이라고 부른다. 쿨롱의 법칙은 전기의 양을 질량으로 바꾸면 만유인력의 법칙과 비슷한 모습이다. 하지만 만유인력이 서로 당기는 힘만 있는 반면 전기력은 당기는 힘 뿐 아니라 서로 밀치는 힘도 존재한다.

ANSWER

11 ②

하지만 쿨롱이전에 쿨롱의 법칙과 동일한 결과를 발견한 과학자가 있었다. 그는 영국의 캐번디시로 지독할 정도로 소심한 성격 탓에 자신이 발견한 내용에 대한 발표를 꺼리고 평생 독신으로 살다가 죽었다. 그가 죽은 후 유품을 조사하던 중 그의 연구노트에서 그가 전기력의 법칙을 1775년 알아냈고 이 결과는 쿨롱의 법칙과 같은 결과라는 것이 드러났다.
하지만 쿨롱이 캐번디시의 결과를 알고 있었는지에 대해서는 알려진 바가 없다. 하지만 연도로 보아 캐번디시가 쿨롱의 법칙을 먼저 찾아냈다는 것이 과학사의 정설이다.

QUIZ 12

정전기 유도현상을 처음 알아낸 사람은?

① 그레이　　② 쿨롱　　③ 캔톤

해설 1750년 영국의 캔톤은 남자가 여자를 유혹하듯 전기도 서로 다른 부호의 전기를 유혹한다는 새로운 이론을 발표했다. 풍선을 털로 문지르면 털은 양의 전기를 풍선은 음의 전기를 띠는 데 이렇게 전기를 띤 풍선을 벽에 가져다 대면 풍선이 달라붙는다. 음의 전기를 띤 풍선은 벽속에 있는 양의 전기를 유혹해 벽속의 양의 전기들이 풍선에 가까운 곳으로 우르르 몰려간다.

ANSWER

12 ③

그럼 풍선은 음의 전기를 벽은 양의 전기를 띠고 서로 다른 전기를 띤 두 물체 사이에는 서로 잡아당기는 힘이 작용하니까 풍선과 벽이 달라붙는 것인데 이것을 정전기 유도 현상이라고 부른다.

QUIZ 13

정전기를 모으는 최초의 장치를 라이덴병이라고 부른다. 여기서 라이덴은 무슨 뜻인가?

① 이 장치를 발견한 사람

② 이 장치를 발견한 사람이 근무하는 대학

③ 전기를 모은다는 뜻을 가진 라틴어

해설 라이덴병을 발명한 무센부르크(Petrus von Musschenbroek, 1692~1761)는 1692년 네덜란드의 라이덴에서 태어났다. 그의 아버지는 현미경, 망원경과 같은 과학 도구를 만드는 사람이었으므로 그는 어릴 때부터 과학 도구를 만드는 데는 친숙했다. 그는 라이덴 대학에서 의학을 공부하다가

대학원에 진학하여 물리학을 공부해 물리학 박사학위를 취득하고 1719년에 뒤스베르그 대학의 물리학과 교수가 되었다.

1746년 무센부르크는 물체에 생긴 전기를 어떻게 하면 오랫동안 보관할 수 있을까 궁리했다.

ANSWER

13 ②

그는 물체에 전기를 띠게 한 후 그 물체를 절연체로 감싸면 절연체는 전기를 잘 통하지 않으니까 물체의 전기를 가둘 수 있을 거라고 생각했다.

그는 이것을 테스트해보고자 동료인 크네우스와 함께 유리병에 물을 담고 주석의 사슬을 물에 담구고 사슬의 한끝은 기전기에 연결하여 유리병속의 물을 대전시켰다. 그의 예상대로 라이덴 병에는 기전기에서의해 만들어진 전기가 모여 있었다.

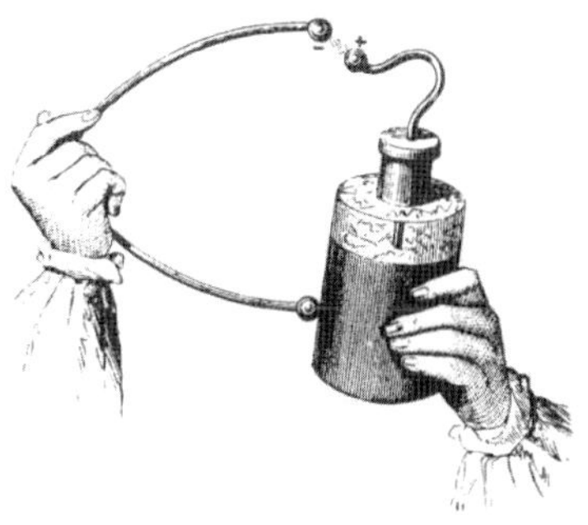

라이덴병은 뒤에 좀 더 사용하기 편리한 형태로 개조되었다. 라이덴병의 뚜껑으로 절연체인 코르크가 사용되었고 코르크를 통해 주석 막대를 꽂았고 주석막대의 위쪽 끝에는 둥그런 손잡이가 있으며 주석막대의 아래쪽에는 주석사슬이 있어 유리병 속의 물에 잠겨 유리병의 밑바닥과 연결했다.

1748년에 와서는 물이 필요 없는 라이덴병이 발명되었다. 유리병의 안쪽과 바깥쪽을 모두 주석으로 입히고 코르크에 꽂은 주석막대를 유리병 밑바닥의 주석판과 연결하여 주석 판에 전기가 보이게 했던 것이나.

라이덴병으로 인해 사람들은 기전기에서 만들어진 많은 전기를 모아 둘 수 있게 되었다.

라이덴병의 발견에 대해서는 다른 물리학자에 대한 얘기도 있다. 독일의 물리학자 클라이스트(E.G.von.Kleist, 1700~1748)는 무센부르크와 거의 같은 시기에 라이덴병을 발명했다고 알려져 있다. 그 역시 라이덴병에 전기를 모아 그 충격을 직접 경험한 것으로 알려져 있다. 그러나 무센부르크와 달리 클라이스트의 발명에 대한 내용은 기록으로 남아있지 않아 라이덴병의 발명자는 무센부르크가 되었다.

QUIZ 14

라이덴 병은 어떤 원리로 전기를 모으는가?

해설 라이덴병처럼 전기를 모아두는 것을 콘덴서라고 부른다. 물을 담아두는 곳이 저수지라면 콘덴서는 전기를 담아두는 곳이다. 그러니까 무센부르크는 최초의 콘덴서 발명자인 셈이다.

라이덴병이 전기를 보관하는 원리를 알아보자. 라이덴병의 둥그런 손잡이에 양의 전기를 띤 유리막대를 가져다대보자.

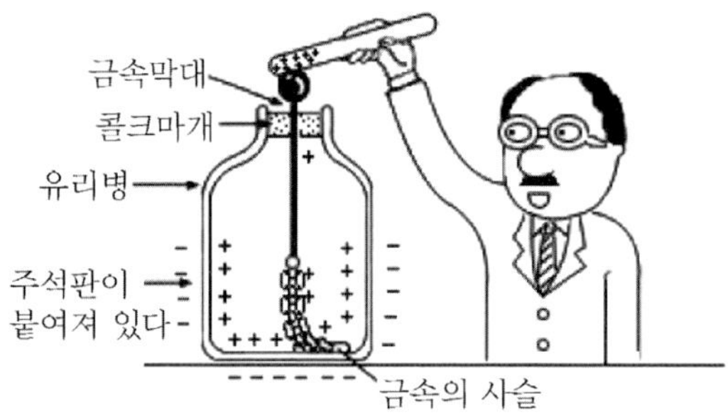

라이덴병에 전기를 저장한다

그럼 둥그런 손잡이와 연결된 주석막대 또 그 막대와 연결되어 있는 유리병 안에 입힌 주석 판은 (+)전기를 띠게 된다. 이때 유리관 바깥에 입혀놓은 주석 판은 정전기유도로 (−)전기를 띠게 되어 안쪽의 주석판과 바깥쪽의 주석 판 사이에는 서로를 당기는 힘이 작용한다. 따라서 병 속에 생긴 양의 전기는 도망가지 못하고 병 안에 모이게 된다.

라이덴병에 전기를 모아두면 둥그런 손잡이 부분과 유리병의 바닥은 서로 반대 부호의 전기를 띠게 된다. 따라서 이 두 부분을 전기를 통하는 도체로 연결하면 라이덴병의 전기가 도체를 따라 이동하게 된다. 사람의 몸도 도체이므로 놀레의 일화처럼 손으로 연결된 사람들의 몸을 통해 라이덴병의 전기가 흐르게 된다. 전기를 담은 라이덴병의 윗부분과 바닥부분을 동시에 만지는 것은 콘센트의 두 구멍에 쇠 젓가락을 동시에 끼우는 것처럼 위험한 일이다.

QUIZ 15

라이덴병에 모인 전기를 이용해 사람들을 기절시키는 실험을 한 사람은 누구인가?

① 프랭클린 ② 뒤페 ③ 놀레

해설 프랑스의 놀레 신부는 라이덴병을 이용해 수많은 실험을 했다. 그 중 대부분은 사람들을 골탕 먹이는 실험이었다. 어느 날 놀레는 프랑스 왕과 귀족들이 모인 자리에서 180명의 근위병들이 서로 손을 맞잡고 둥그렇게 원을 만들게 했다. 그 중 한 군데는 연결되지 않았는데 놀레 신부는 손을 맞잡지 않은 한 병사에게 라이덴병의 바닥을 잡게 하고 다른 병사에게는 손잡이를 잡게 했다. 그러자 병사들 모두 전기충격을 받아 일제히 뒤로 발라당 넘어졌다.

ANSWER

15 ③

라이덴병에 전기를 모아두면 둥그런 손잡이 부분과 유리병의 바닥은 서로 반대 부호의 전기를 띠게 되는 데 이 두 부분을 전기를 통하는 도체로 연결하면 라이덴병의 전기가 도체를 따라 이동한다. 사람 몸은 전기를 잘 통하는 도체이기 때문에 손을 맞잡은 병사들 모두에게 강한 전류가 흐른 것이다. 라이덴병의 윗부분과 바닥부분을 동시에 만지는 것은 콘센트의 두 구멍에 쇠 젓가락을 동시에 끼우는 것처럼 매우 위험한 일이다.

QUIZ 16

라이덴병에 모인 전기가 전선을 따라 400미터를 이동한다는 것을 처음 실험한 곳은 어디인가?

① 영국의 템즈강　　② 프랑스의 세느강

③ 독일의 라인강

ANSWER

16 ①

해설 1747년 7월 14일 영국의 물리학자들은 런던의 국회의사당 근처에 있는 웨스트민스터 다리에 모여 많은 사람들이 보는 앞에서 라이덴병속의 전기가 폭이 400m나 되는 템즈강을 건너갈 수 있다는 것을 보여주기로 했다. 그들은 한 사람의 왼손에 라이덴병의 바닥을 올려놓고 위쪽의 둥그런 손잡이에 기다란 철사 줄을 연결했다. 그 철사 줄은 템즈강 반대편에 있는 사람이 왼손으로 잡고 있었다. 두 사람은 오른손에 쇠막대를 들고 있었다. 두 사람이 동시에 쇠막대를 강물에 넣는 순간 두 사람은 전기쇼크를 받아 뒤로 발라당 넘어졌다. 이 실험으로 과학자들은 라이덴병속의 전기가 400m 정도 되는 강물을 이동할 수 있다는 것을 알아냈다. 그 후 사람들은 전기가 수 km의 철사 줄을 통해 눈 깜짝할 사이에 이동한다는 것도 알아냈다.

QUIZ 17

물체가 전기를 띠고 있는지를 알아보는 장치를 검전기라고 부른다. 검전기를 발명한 사람은?

① 무센부르크 ② 클라이스트 ③ 놀레

해설 무센부르크의 라이덴병이 발견된 직후인 1748년 프랑스의 놀레는 물체가 전기를 띠었는지 안 띠었는지를 쉽게 확인할 수 있는 검전기를 발명했다. 검전기는 물체에 생긴 소량의 전기도 확인할 수 있었다.

ANSWER

17 ③

검전기는 금속봉에 막대를 매달아 유리병에 넣고 금속막대의 끝에는 얇고 가벼운 금속박이 두 개 붙어 있다. 검전기의 금속봉에 전기를 띤 물체를 갖다 대면 금속막대가 전기를 띤다. 이때 금속봉에 생긴 전기가 음의 전기라면 금속막대도 음의 전기를 띄게 되고 따라서 금속막대의 끝에 붙어 있는 두 개의 금속막도 음의 전기를 띤다. 따라서 두 개의 금속막은 서로를 밀치는 힘에 의해 벌어진다. 놀레는 검전기의 금속막이 벌어지면 검전기에 접촉시킨 물체가 전기를 띠고 있다는 사실을 알아냈다. 또한 물체가 더 많은 전기를 가지고 있으면 금속막이 더 많이 벌어진다는 사실도 알아냈다.

QUIZ 18

번개가 전기현상이라는 것을 처음 알아낸 과학자는?

해설 번개가 전기 현상이라는 것을 처음 알아낸 사람은 미국의 프랭클린이다. 프랭클린은 1706년 미국 보스턴에서 태어났다. 그의 아버지는 양초를 만드는 일을 했고 젊은 날 프랭클린은 인쇄소에서 일했다. 인쇄소 일을 그만 둔 그는 필라델피아로 건너가 경제학을 공부했다. 1747년 런던에서 필라델피아 문학가 협회로 온 편지에 전기의 신비한 현상에 대한 내용이 소개되어 있었다. 프랭클린은 이 편지를 읽고 전기에 깊은 관심을 가지게 되었다.

ANSWER

18 프랭클린

프랭클린은 전기에 대한 많은 실험내용을 적어 런던으로 편지를 보냈다. 이 편지에서 프랭클린은 번개가 전기 현상일 가능성이 있다는 얘기를 했다. 프랭클린의 편지는 유럽에서 대단한 평가를 받았기 때문에 프랑스어로도 번역되었다. 이 번역을 한 사람은 프랑스의 달리바르였다.

그는 편지 내용을 읽고 자신이 직접 실험해 보기로 결심했다. 즉, 그는 번갯불이 전기 현상이라는 것을 증명하기 위해 구름 속에서 나오는 번갯불을 땅으로 끌어내리는 시도를 했다. 1752년 달리바르는 그의 조수인 코와피에에게 이 실험을 시켰다. 코와피에는 파리에서 24킬로미터 정도 떨어진 마르리 라 빌이라는 마을에서 실험을 했다. 코와피에는 길이가 약 12미터인 쇠막대를 세워두고 천둥이 치자 라이덴병을 들고 쇠막대에 가까이 갔어. 순간 '펑' 하는 소리가 나면서 엄청나게 밝은 불꽃이 쇠막대에서 라이덴병의 손잡이로 튀었다. 코와피에가 실험할 때 마을의 신부님도 함께 있었다. 신부님은 코와피에에게 사정해 라이덴병을 들고 쇠막대에 가까이 갔다. 그런데 신부님은 쇠막대에 너무 가까이 붙었다. 천둥소리가 울리고 갑자기

파란 불꽃이 신부님의 손으로 튀면서 신부님은 손에 화상을 입고 말았다.

당시 미국에 있던 프랭클린은 달리바르, 아니 정확하게 말하면 코와피에의 실험에 대해 전혀 모르고 있었다. 프랭클린은 번개가 전기현상이라는 것을 확실하게 증명하고 싶었다. 그러려면 번개가 내리칠 때 생긴 전기를 모아야했다. 그래서 생각한 장치가 바로 연이었다. 연을 날리는 데 사용되는 긴 줄은 삼줄을 이용했다. 그는 번개를 치는 구름에서 나오는 전기가 축축한 삼줄을 통해 전달될 거라고 생각했다.

그런데 삼줄을 직접 손으로 만지면 번개의 전기 때문에 위험하기 때문에 삼줄의 끝에는 전기를 통하지 않는 비단으로 손삽이를 만들었다. 삼줄과 비단 손잡이 사이의 이음매에는 커다란 쇠열쇠를 매달았다. 이렇게 하면 삼줄을 타고 내려온 전기가 쇠열쇠까지 전달되어 불꽃이 튀게 될 것이기 때문이었다.

이렇게 만반의 준비를 한 프랭클린은 1752년 6월 어느 날 아들과 함께 산속 오두막집으로 올라갔다. 비단손잡이가 비에 젖으면 전기를 통하기 때문에 오두막 안에서 연줄을 풀어 연을 구름 위까지 올려놓았다. 번쩍거리며 번개가 치자 쇠열쇠에서 불꽃이 일어났다. 프랭클린은 좀 더 확실하게 하기 위해 쇠열쇠를 라이덴병의 손잡이에 연결시켰다. 그러자 번개에서 나온 전기가 라이덴병에 저장되었다. 이 실험으로 프랭클린은 번개가 전기현상이라는 것을 최초로 확인했다.

QUIZ 19

프랭클린의 실험을 재현하다가 목숨을 잃은 과학자는?

① 달리바르 ② 리히만 ③ 패러데이

해설 프랭클린이 연을 이용하여 번개와 전기가 같은 현상이라는 것을 밝혀내자 독일의 물리학자 리히만은 러시아의 상트 페테르부르그 시에서 자신도 번개 구름에서 발생하는 전기의 양을 조사해보기로 했다.

ANSWER

19 ②

1753년 리히만은 쇠막대와 라이덴병을 준비하고 번개가 치는 순간 라이덴병을 들고 쇠막대에 가까이 갔다가 주먹 만한 불꽃이 머리 쪽으로 날아와 그 자리에서 목숨을 잃었다.

QUIZ 20

번개는 왜 생기는가?

해설 번개는 정전기 유도현상이다. 번개가 어떻게 생기는 가를 살펴보자. 번개를 만들어 내는 구름의 위쪽에 있는 전자들이 아래로 내려오면서 구름의 윗 부분은 (+)전기를 띠고 아래 부분은 (−)전기를 띤다.

이때 (−)전기에 가까운 땅은 정전기 유도에 의해 (+)전기를 띤다. 이때 구름의 아래쪽에 모여 있던 전자들이 (+)전기를 띤 땅을 향해 쏟아져 내려오는 데 이것이 바로 번개이다.

QUIZ 21

피뢰침을 발명한 사람은?

해설 프랭클린은 물체의 뾰족한 곳이 뭉툭한 곳보다 전기를 더 잘 모으는 성질이 있다는 것을 알아냈다. 당시에는 화학공장이나 기름 창고들이 번개에 의한 화재로 피해를 입는 일들이 많았는

ANSWER

21 프랭클린

데 프랭클린은 전기가 뾰족한 곳에 잘 모이는 성질을 이용하면 이런 피해를 없앨 수 있다고 생각했다.

프랭클린은 건물의 옥상에 뾰족한 쇠막대기를 설치하고 쇠막대기와 연결된 도선을 바닥으로 내려 도선의 끝을 땅속에 묻었다. 번개가 치자 구름에서 내려온 전자들이 뭉툭한 다른 곳보다는 뾰족한 쇠막대 쪽으로 몰려들었고 쇠막대에 들어간 전자들은 도선을 따라 땅속으로 흘러나갔다. 따라서 건물은 번개로부터 안전할 수 있었는데 이것을 피뢰침이라고 불렀다.

QUIZ 22

동물의 몸에 전기가 흐르는 현상을 처음으로 발견한 사람은?

해설 이탈리아의 물리학자 갈바니는 처음에는 의사가 되기 위한 공부를 했다. 그는 의사로 일하면서 볼로냐 대학에서 동물과 사람의 신경에 대한 연구를 했다.

1791년 동물의 신경을 연구하던 그는 금속나이프로 식용 개구리의 껍질을 벗기고 그것을 금속 접시에 놓았을 때 개구리의 다리가 마치 살아있는 것처럼 움직이는 것을 보고 개구리의 몸에 전기가 흐르고 있다고 생각했다. 그는 이것을 '동물 전기'라고 이름을 붙였다. 하지만 갈바니의 생각이 틀렸다는 것은 훗날 볼타에 의해 밝혀진다.

ANSWER

22 갈바니

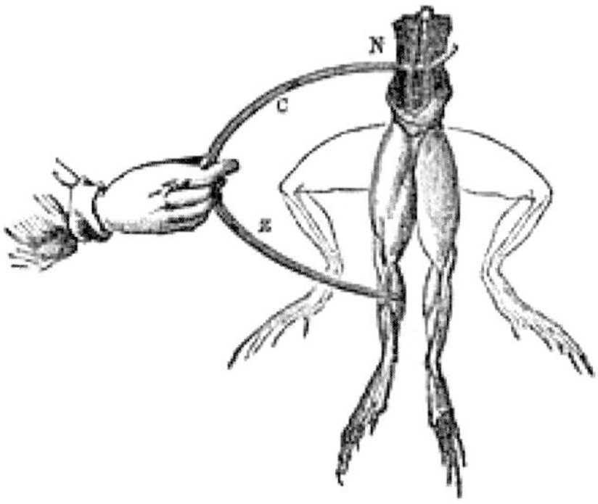

갈바니는 동물마다 전기를 발생시키는 기관이 존재하고 동물이 전기를 잘 통하는 물체와 부딪치면 방전을 일으키면서 동물의 근육에 경련이 일어난다고 생각했다. 그의 동물전기 실험은 화제가 되었고 여러 과학자들은 갈바니의 개구리 실험을 앞다투어했다.

프랑스 대혁명의 영향으로 이탈리아에도 공화국이 수립되고 노년의 갈바니는 새로운 지배자에 대해 복종하지 않아 교수의 자리를 빼앗기고 집에서 여생을 보내다가 1798년 세상을 떠났다.

QUIZ 23

전기를 발생시키는 동물의 예를 들어라.

해설 개구리의 몸이 스스로 전기를 발생시킨다는 갈바니의 이론은 틀렸지만 우리가 사는 세상에는 실제로 전기를 발생시킬 수 있는 동물들이 있다.

아프리카에 있는 전기메기는 약 350V 정도의 전기를 발생시킬 수 있고 아마존 강에 사는 전기뱀장어는 약 600V 정도의 전기를 발생시킬 수 있다.

전기뱀장어는 남아메리카의 강에 사는 물고기로 큰 것은 길이가 2.7m, 몸무게가 22kg이나 된다. 이 물고기의 가장 큰 특징은 아주 센 전기를 발생한다는 것이다. 전기뱀장어는 이 전기 충격으로 적을 물리치거나 작은 동물을 기절시켜 잡아먹는다. 전기뱀장어는 몸의 양쪽에 3쌍의 발전기관을 가지고 있다. 이 발전기관에서 전기를 방전시킬 수 있는데, 사람도 목숨을 잃을 정도이다. 전기뱀장어는 계속 높은 전압을 낼 수 있는 것은 아니고, 방전이 거듭되는 동안 전압이 점점 떨어진다.

QUIZ 24

응급실에서 환자에게 행해지는 전기충격요법을 한 처음 한 사람은?

① 갈바니　　② 볼타　　③ 클로드 벡

해설 여러분은 응급실에 들어온 환자에게 두 개의 극판을 환자 가슴에 놓고 전압을 올려 쇼크를 일으키는 일을 본 적이 있을 것이다. 이것은 심장박동이 멈춰가고 있는 환자를 살리는 방법중 하나로 전기충격요법이라고 부른다.

ANSWER

24 ③

1947년 미국의 외과의사인 클로드 벡은 심장 박동이 멈춰 가는 14세의 소년의 심장에 두 개의 극판을 대고 전압을 올리면서 전기충격을 주었다. 그 결과 소년의 심장은 기적과 같이 다시 뛰기 시작했다. 그 후 의사들은 심장이 거의 멎은 위급한 환자에게 이 방법을 쓰게 되었다. 이것은 죽은 개구리의 다리에 두 개의 금속을 대어 다리를 오므라들게 한 갈바니의 발견을 사람에게 적용한 것이다.

QUIZ 25

최초로 전지를 발명한 사람은?

해설 최초의 전지를 발명한 물리학자 볼타는 1745년 이탈리아의 코모에서 태어났다. 그는 어릴 때부터 이상한 행동을 많이 했다. 네 살이 되어 처음 말을 하기 시작했을 때 그가 주로 내뱉은 말은 '싫어'라는 말이었다. 7살 때는 몬테베르데 샘에서 금을 찾는다고 물로 뛰어 들었던 적도 있었다. 다행히 목숨은 건졌지만 부모님의 실망이 이만 저만이 아니었다. 하지만 이때부터 볼타는 다른 또래 아이들과 같은 수준의 지능을 보였고 점점 갈수록 지적능력은 다른 아이들 보다 훨씬 발전되었다. 어린 시절 볼타는 호기심이 무척 많았다. 특히 급류를 거슬러 올라가면서 자연을 관찰하는 것을 즐겼다.

ANSWER

25 볼타

볼타는 코모시의 공립학교를 졸업하고 문학에 뜻을 두었다. 그러나 우연히 영국의 프레스틀리가 쓴 전기에 관한 책을 읽고는 친구인 지울리오와 함께 전기에 대한 연구를 하기 시작했다. 이 시기에 볼타는 전기에 관한 여러 가지 발명품을 만들었다. 예를 들어 비단이 마찰되면서 생긴 전기를 이용하여 작동되는 기계라든가 전기를 오래 보관해 두는 전기쟁반 같은 것들을 발명했다.

1779년 볼타는 파비아 대학의 교수가 되었고 이 시기에 그는 여러 가지의 기체의 성질을 연구했다. 그 중에서도 공기 중에서 불이 잘 붙는 기체인 메탄에 대한 관심이 많았다.
메탄은 사람들의 방귀 속에도 들어 있는 데 주로 늪지에서 많이 발생한다. 볼타는 늪지에서 솟아오르는 메탄 기체의 성질을 조사하기 위해 늪지 바닥을 휘저었다. 그랬더니 메탄가스의 거품이 위로 잔뜩 올라왔다. 볼타는 이 기체를 모아서 전기 스파크를 일으켰더니 불꽃이 일어났다.

1786년 갈바니의 유명한 '개구리 다리의 실험'을 연구하던 볼타는 갈바니의 주장을 뒤엎는 이론을 주장했다. 그는 서로 다른 금속판 사이에 전기를 통하는 물질을 넣으면 전류가 흐른다는 사실을 알아냈다. 그는 이것을 토대로 최초의 전지인 볼타 전지를 발명했다. 현재 건전지의 전압을 나타내는 단위인 V는 볼타(Volta)의 머리 철자이다.

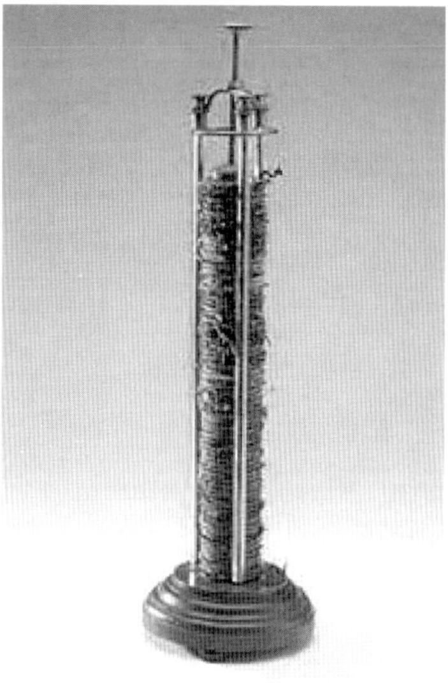

볼타는 갈바니와 절친한 친구사이로 지내다가 갈바니의 동물 전기를 비판하면서 두 사람의 사이는 벌어졌다. 또한 이탈리아에 새로운 공화국이 수립되었을 때 갈바니가 충성을 약속하지 않은 반면 볼타는 새 정부에 충성을 약속해 죽을 때까지 편안하게 연구를 할 수 있었다.

QUIZ 26

두 개의 서로 다른 금속판 사이에 왜 전류가 흐를까?

해설 서로 다른 금속사이에 전기를 통하는 물질을 넣으면 두 금속 중 한 금속은 (+)전기를 다른 금속은 (−)전기를 띠게 된다. 볼타는 구리와 아연을 사용했는데 이때 구리는 (+)전기를 띠고 아연은 (−)전기를 띠게 된다. 볼타는 여러 가지 금속들로 실험을 한 결과 다음과 같은 금속들 사이의 관계를 알아냈다.

아연 - 납 - 주석 - 철 - 구리 - 은 - 금

위 관계에서 왼쪽에 있는 금속과 오른쪽에 있는 금속을 꽂으면 왼쪽에 있는 금속은 (−)전기를 오른쪽에 있는 금속은 (+)전기를 띠게 된다. 그 사이에 전기를 통하는 물질을 두면 (+)전기를 띤 구리에서 (−)전기를 띤 아연 쪽으로 전류가 흐르게 된다.

QUIZ 27

전기를 이용한 권총을 발명한 사람은?

① 패러데이 ② 데이비 ③ 볼타

ANSWER

27 ③

해설 볼타의 발명품 중에 재미있는 것은 전기권총이다. 이것은 병속에 기체를 담고 총알로 병을 막은 다음 병 안에 전기 불꽃을 일으켜 발사되는 장치였다. 비록 이 권총은 전쟁에서 쓰일 정도는 아니었지만 볼타는 이 권총으로 아가씨들을 깜짝 놀라게 하는 장난을 치곤했다.

볼타는 전기권총으로 좀 더 재미있는 일을 할 수 있을 거라 생각했다. 그것은 코모에서 전선을 전기쟁반과 연결하여 50킬로미터 떨어진 밀라노에서 전기불꽃을 일으켜 권총이 발사 될 수 있을 거라는 생각이었다. 이것은 지금의 전화의 원리와 비슷하다.

QUIZ 28

건전지는 누가 발명했나?

해설 볼타의 전지에서 두 개의 금속판 사이에 전기를 통하는 물질은 소금물에 젖은 종이가 사용되었다. 그런데 볼타 전지의 문제는 소금물이 말라버리면 더 이상 전류가 흐르지 않는다는 것이었다. 1865년 프랑스의 르클랑셰(G. Leclanche, 1839~1882)는 이 문제를 해결했다. 소금물에 젖은 종이대신 전기를 잘 통하는 액체상태의 염화암모늄을 사용하고 (+)전기를 띠는 탄소막대와 (−)전기를 띠는 아연을 이용하여 지금의 건전지를 발명했다.

ANSWER

28 르클랑셰

QUIZ 29

전류와 전압과 저항사이의 관계를 처음 알아낸 사람은?

해설 독일 뮌헨 대학의 옴은 1826년 전류와 전압 사이의 관계를 조사했다. 옴은 전압이 크면 도선에 흐르는 전류의 세기가 커진다는 것을 알아냈다. 즉 전압과 전류가 비례한다는 내용인데 이때 비례상수를 R이라고 쓰고 전기저항 또는 저항이라고 불렀다. 옴의 법칙을 수식으로 나타내면

$$V = R \times I$$

이 된다. 전기저항의 단위는 옴의 이름을 붙인 옴이다.

QUIZ 30

전류가 자기장의 방향을 바꾼다는 것을 처음 알아낸 사람은?

해설 1820년 덴마크 코펜하겐 대학의 외르스테드는 전류가 주위의 자석에 힘을 작용하여 자석의 방향을 바꿀 수 있다는 사실을 우연히 발견했다.

어느 날 코펜하겐 대학의 물리학과 교수인 외르스테드는 수업시간에 도선에 건전지를 연결하면 전류가 흐른다는 것을 학생들에게 보여주려고 했다.

ANSWER

29 옴 30 외르스테드

그런데 교탁위에는 지난 시간에 수업했던 나침반이 도선 근처에 놓여 있었다. 외르스테드는 이를 대수롭지 않게 여기고 도선에 전류를 흘려보냈다. 그런데 놀라운 일이 벌어졌다. 도선에 전류가 흐르는 순간 나침반의 자침이 다른 방향을 가리키는 것이었다. 원래 나침반 자침의 N극이 항상 북쪽을 가리키는데 주위에 전류가 흐르면 자침의 N극이 가리키는 방향이 달라진다는 것이었다.

이것은 아주 중요한 발견이었다. 왜냐하면 이 발견 이전까지는 전기 현상과 자석에 의한 자기 현상과는 아무 관계가 없는 것으로 생각되었기 때문이다. 전류는 전기현상이고 나침반은 자기 현상인데 전류가 흐르는 곳 주위에서 자침의 방향이 바뀐다는 것은 전기 현상과 자기 현상이 서로 관계가 있다는 것을 뜻하기 때문이다.

QUIZ 31

같은 방향으로 전류가 흐르는 두 도선 사이에는 서로를 당기는 힘이 작용하고 반대 방향으로 흐르는 두 도선 사이에는 서로를 밀치는 힘이 작용한다는 것을 처음으로 알아낸 사람은?

① 앙페르 ② 패러데이 ③ 외르스테드

해설 1821년 프랑스의 앙페르(Ampere)는 전류가 흐르는 두 도선 사이의 힘에 대해 연구했다. 앙페르는 같은 방향으로 전류가 흐르는 두 도선 사이에는 서로를 당기는 힘이 작용하고 반대 방향으로 흐르는 두 도선 사이에는 서로를 밀치는 힘이 작용한다는 것을 처음으로 알아냈다.

또한 앙페르는 전류가 전기의 양을 시간으로 나눈 값으로 정의되어야한다는 것을 알아냈다. 전류에 대한 그의 업적 때문에 전류의 단위는 그의 이름의 첫 철자인 A를 사용하고 암페어라고 읽는다. 암페어는 앙페르의 영어식 발음이다.

QUIZ 32

전자석을 발명한 사람은?

① 외르스테드 ② 아라고 ③ 패러데이

ANSWER

31 ① 32 ②

해설 1821년 프랑스의 아라고는 긴 쇠못에 도선을 감은 코일을 만들고 그것에 전지를 통해 전류를 흘러 보냈더니 그 순간 주위에 있던 철가루가 쇠못에 달라붙는다는 것을 발견했다. 이것은 코일에 전류가 흐를 때 자석이 된다는 것을 뜻하는 데 이것을 전자석이라고 부른다. 그는 코일을 철심에 더 촘촘히 감아주고 센 전류를 흘려주면 강한 자석을 만들어 낼 수 있다는 것을 알아냈다. 그 후 아라고는 막대자석으로는 상상할 수도 없는 1톤짜리 쇠붙이를 전자석으로 들어 올리는 데 성공했다.

QUIZ 33

이 사람은 초등학교를 중퇴한 후 제본공으로 일하다가 위대한 물리학자가 되었다. 전자기 유도 법칙으로 유명한 이 사람의 이름은?

해설 패러데이는 1791년 영국 런던 근교의 가난한 대장장이의 둘째 아들로 태어났다. 패러데이는 집안 형편이 어려워 초등학교에서 겨우 읽기와 쓰기, 간단한 셈하기 정도만 배우고 초등학교를 그만두어야 했다.

그 후 13살이 되었을 때 패러데이는 가족들을 떠나 제본소의 견습공으로 들어가 책 만드는 일을 배웠다. 처음에는 이 일이 정말 즐거워서 1년 만에 견습공에서 벗어날 만큼 책을 잘 만들게 되었다. 그는 하루 일이 끝나면 저녁에는 늘 책을 읽었다.

ANSWER

33 패러데이

그 덕분에 학교 교육을 제대로 받지 못한 패러데이는 재미있고 신기한 책의 세계에 푹 빠졌다. 그때부터 그는 값싼 실험 기구들을 사서 혼자 간단한 실험을 해보기도 하고 그것을 공책에 적었다.

어느 날, 제본소에 들린 어떤 손님이 왕립 과학연구소에서 여는 공개 강연을 들을 수 있는 수강증을 패러데이에게 주었다. 패러데이가 과학 실험한 것을 필기한 공책을 본 손님은 매우 감동을 받아 수강증을 준 것이었다. 강연을 하는 사람은 세계적인 과학자 험프리 데이비였다.

패러데이는 데이비의 강연 내용을 하나도 빠짐없이 공책에 적어 왔고 집에 돌아와서 그것으로 열심히 공부했다. 공부를 하면 할수록 제본일이 싫어진 패러데이는 왕립 과학 연구소에서 일하고 싶다는 내용의 편지를 보냈지만 거절 당했다.

패러데이는 데이비의 공개 강연 내용을 받아 적은 공책을 깔끔하게 정리하여 다시 쓰고 예쁘게 책으로 엮어서 데이비에게 보냈다. 그러자 놀라운 기적이 일어났다. 데이비가 자신의 실험 조수로 일해 주었으면 좋겠다고 답장이 왔기 때문이었다.

그래서 패러데이는 왕립 과학연구소의 데이비 실험 조수로써의 일을 시작하게 되었다.

실험 조수로 일하는 동안 패러데이의 과학지식은 엄청나게 성장했다. 그러던 중 왕립연구소의 교수직을 그만 둔 데이비는 자신의 아내와 유럽여행을 계획했는데 패러데이는 데이비의 조수로 여행에 동행하게 되어 데이비 부부의 시종노릇까지 하게 되었다. 특히 데이비의 아내인 제인 데이비는 패러데이를 아주 못살게 굴었다. 유럽여행은 패러데이에게 많은 새로운 것을 경험하게 해주었다. 그는 세계적으로 유명한 과학자들을 만날 수 있었기 때문이었다.

1830년 패러데이는 그의 이름을 세상에 알리는 위대한 발견을 했다. 그는 전지가 연결되지 않은 회로에서 전선의 일부를 고리 모양으로 만들었다. 이 회로는 전지가 없으므로 전류가 흐르지 않지만 고리 안으로 자석을 가까이 가져다 대는 순간 회로에 전류가 흐르고 반대로 고리 안의 자석을 멀리하면 전류가 반대 방향으로 흐른다는 것을 알아냈다. 패러데이는 고리에서의 자석의 움직임이 전지가 없는 회로에 전기를 줄 수 있다는 것을 알아냈다. 그는 이번에는 자석을 고정 시키고 고리를 자석에 가까이 가져갔더니 이 경우도 역시 회로에 전기가 흐르는 것을 발견했다.

패러데이는 고리 앞에 전자석을 고정시키고 스위치를 열어 전자석에 전류가 흐르지 않게 했다. 물론 이때는 회로에 전류가 흐르지 않았다. 패러데이가 스위치를 닫자 고리가 있는 회로에 전류가 흘렀다. 전자석에 전류가 흘러 자석이 되었기 때문이었다. 이 경우를 보면 스위치를 닫았을 때는 자석이 아니므로 자기력이 없다가 스위치를 닫는 순간 고리 앞에 자기력이 작용하면서 회로에 전류가 흐르게 된 것이다.

패러데이는 일련의 실험을 통하여 전지와 연결되지 않은 회로의 고리 앞에 있는 자기력의 크기가 달라지면 회로에 전류가 유도된다는 것을 알아냈는데 이것은 외르스테드의 발견의 반대과정이었다. 이렇게 자기력이 고리 앞에서 달라질 때 회로에 전류가 흐르는 현상을 패러데이의 전자기유도법칙이라고 부른다.

사실 외르스테드의 발견 이후에 많은 물리학자들은 자석으로 전기를 만들 수 있을 것이라고 생각했지만 그들은 자석을 고정시켰기 때문에 회로에 전기가 흐르게 할 수 없었다. 하지만 패러데이는 자석을 움직여 자기력의 크기를 변화시킴으로써 이 문제를 해결해 전기와 자기 사이의 밀접한 관계를 찾아냈다.

QUIZ 34

전동기(모터)를 발명한 사람은?

① 패러데이 ② 아라고 ③ 맥스웰

해설 외르스테드는 전류에서 발생하는 힘이 주위의 자석을 움직인다는 것을 알아냈고 패러데이는 자석이 고리 안으로 움직이면 고리에 전류가 만들어진다는 것을 알아냈다. 이렇게 전기의 움직임은 자석에 힘을 작용하고 자석의 움직임은 도선 속에 있는 전자를 움직이게 하여 전류를 흐르게 한다.

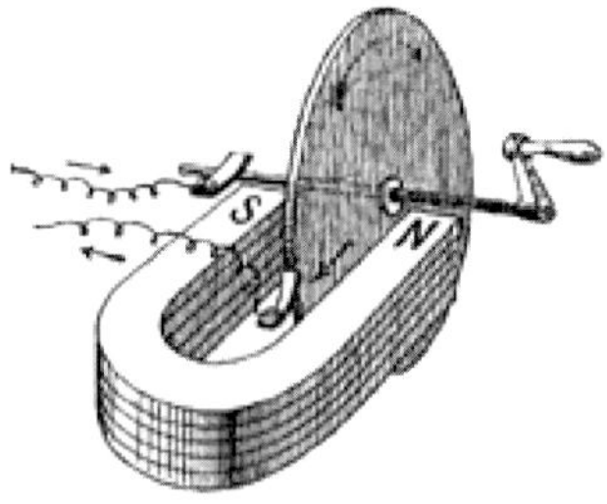

ANSWER

34 ①

외르스테드의 생각대로 전류가 자석에 힘을 미쳐 자석을 움직이게 한다는 생각은 바로 전류를 흘러보내주면 빙글빙글 도는 전동기의 발명을 가지고 왔다. 1821년 패러데이는 외르스테드의 실험을 토대로 전류가 흐르는 고정된 전선 주위로 자석이 빙글빙글 돌게 된다는 것을 알아냈다. 이것은 패러데이가 발명한 최초의 전동기이다.

패러데이는 또한 고정된 자석 주위에 전기가 흐르는 전선을 놓으면 전선이 자석 주위를 빙글빙글 돈다는 것도 알아냈다. 패러데이의 전동기는 지금 우리가 사용하는 전동기와는 달리 자석 주위를 빙글빙글 돌기만 할 뿐 어떤 기계를 회전시키는 것과 같은 일은 아무것도 하지 않았다. 기계를 돌리는 것과 같은 일을 하는 최초의 전동기는 1831년 헨리가 발명했다.

QUIZ 35

전기와 자기 현상을 모두 설명하는 방정식을 만든 사람은?

해설 1864년 영국 케임브리지 대학의 맥스웰은 전기와 자기 현상을 모두 설명할 수 있는 네 개의 방정식을 발표했는데 이것을 맥스웰 방정식이라고 부른다.

ANSWER

35 맥스웰

QUIZ 36

전류와 자석이 전자기파라는 파동을 발생시킨다는 사실을 처음 알아낸 사람은?

① 맥스웰 ② 헤르츠 ③ 마르코니

해설 맥스웰은 자신의 전자기 방정식을 이용해 전류와 자석이 파동을 발생시킨다는 사실을 알아내고 이 파동을 전자기파라고 불렀다. 또한 그는 전자기파의 속력이 빛의 속력과 같다는 사실을 밝혀내 빛과 전자기파가 동일하다는 것을 증명했다.

QUIZ 37

전자기파의 존재를 최초로 입증한 사람은?

해설 1885년 독일의 헤르츠는 서로 몇 미터 떨어져 있는 두 전선을 이용해 전자기파의 존재를 입증하려했다. 하나의 전선에 강력한 전기적 충격이 가해지자 다른 쪽 전선에서 섬광이 발생했다. 그는 하나의 전선에서 전자기파가 나와 다른 전선으로 이동해 섬광을 일으켰다고 믿었다.

ANSWER

36 ① 37 헤르츠

QUIZ 38

전자기파를 이용해 최초의 무선통신을 한 사람은?

해설 이탈리아의 마르코니는 헤르츠의 실험 결과를 보고 전자기파를 먼 거리로 이동할 수 있을 거라 믿었다. 1897년 마르코니는 무선전신을 성공해 회사를 만들었다. 마르코니의 무선전신은 선박들 사이의 연락에 사용되기 시작하더니 1906년에는 음악을 수백 킬로미터 떨어진 곳에 보내는데 성공했다. 1920년 9월 2일에는 뉴욕에서 최초로 라디오 방송이 시작되었다. 이런 업적으로 마르코니는 1909년 노벨물리학상을 수상했다.

ANSWER

38 마르코니

퀴즈 물리학의 역사: 고대 ~ 근대

제3부

빛의 물리학의 역사

QUIZ 01

빛이 원자로 이루어져 있다고 처음 주장한 사람은?

① 루크레티우스 ② 탈레스 ③ 헤론

해설 기원전 55년 로마의 루크레티우스는 데모크리토스의 원자론을 이용하여 빛이 아주 작은 원자들로 이루어져 있다고 주장했다.

QUIZ 02

지중해의 패권을 둘러싸고 로마와 카르타고는 세 차례의 전쟁을 치르게 되는 데 이것을 포에니 전쟁이라고 한다. 제2차 포에니전쟁(BC 218~BC 201)때인 기원전 214년 로마는 자신을 배반한 시라쿠사를 공격했는데 이때 시라쿠사의 과학자 아르키메데스는 이것을 이용해 적의 배를 불 태웠다. 아르키메데스가 무기로 사용한 이것은 무엇인가?

해설 시라쿠사의 히에론 왕이 죽고 제로니모 왕이 즉위하자 시라쿠사는 시끄러워졌다. 제로니모 왕이 그 동안 맺어왔던 로마와의 동맹을 깨고 카르타고와 동맹을 맺었기 때문이었다. 그러자 화가 난 로마군이 시라쿠사를 공격했는데 시라쿠사의 아르키메데스는 오목 거울이 빛을 한 점에 모은다는 성질을 이용해 적의 배를 불 태웠다고 한다.

ANSWER

01 ① 02 오목 거울

QUIZ 03

당구공을 벽에 부딪치면 당구공이 벽으로 들어간 각도와 벽에 부딪친 후 당구공이 튀어나온 각도가 같듯이 빛도 평면거울에서 반사될 때 거울에 들어간 각도와 같은 각도로 반사되는 데 이것을 빛의 반사 법칙이라고 부른다.

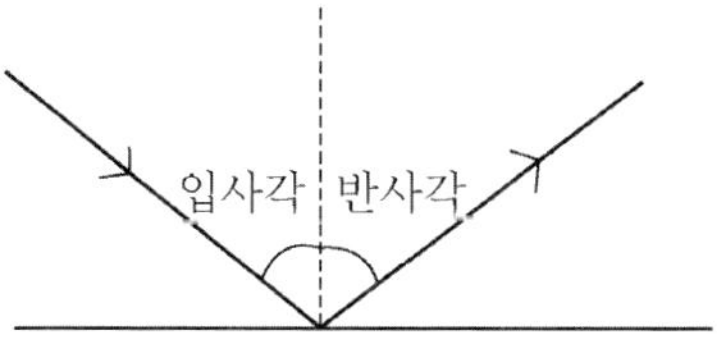

이때 거울로 들어가는 빛이 거울 면에 수직인 방향과 이루는 각을 입사각, 반사된 빛이 거울 면에 수직인 방향과 이루는 각을 반사각이라고 부른다. 빛의 반사의 법칙을 최초로 알아낸 과학자는?

ANSWER

03 헤론

해설 이 성질은 스넬의 반사 법칙으로 알려져 있다. 하지만 스넬보다 훨씬 전 알렉산드리아의 헤론 (AD 10-70)은 기하학적인 방법을 이용해 빛이 거울에서 반사될 때 가장 짧은 경로를 이동하며 그 결과 입사각과 반사각이 같다는 것을 알아냈다.

QUIZ 04

사람이 물속에 있는 물체를 보면 실제 물체를 보는 것이 아니라 허상을 보게 되며 실제 물체는 눈에 보이는 허상보다 아래 있다는 것을 처음 알아낸 사람은?

① 헤론

② 프톨레미

③ 뉴턴

해설 천동설로 유명한 그리스의 프톨레미(AD 90-168)는 빛이 물속으로 들어갈 때 굴절되기 때문에 사람은 물속에 있는 물체의 실제 위치를 보지 못하고 허상을 보게 된다는 사실을 알아냈다.

ANSWER

04 ②

QUIZ 05

빛이 공기에서 물속으로 진행하면 빛이 꺾이는 데 이것을 빛의 굴절이라고 부른다.

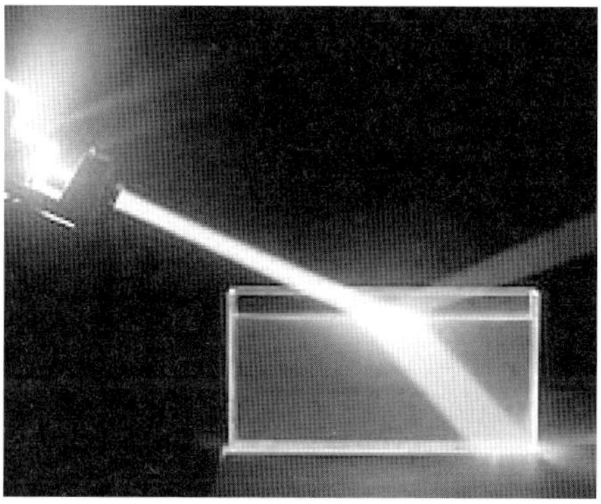

빛의 굴절에 대한 법칙을 처음으로 알아낸 사람은?

① 스넬

② 잘

③ 프톨레미

해설 이 성질은 스넬의 굴절 법칙으로 알려져 있지만 스넬 보다 훨씬 전에 페르시아의 수학자 잘(940~1000)이 처음 알아냈다. 그는 또한 빛이 구면 거울이나 렌즈를 통해 어떻게 꺾이는 지도 알아냈다.

ANSWER

05 ②

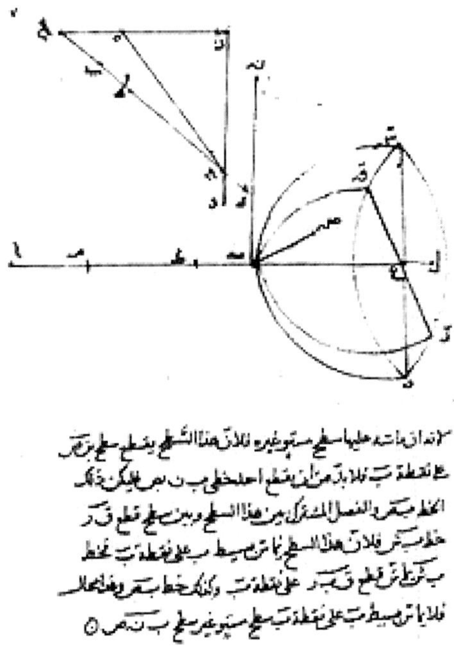

QUIZ 06

빛이 반사의 법칙이나 굴절의 법칙을 만족하는 이유는?

해설 빛이 어떤 지점을 지나갈 때 가장 시간이 적게 걸리도록 움직이기 때문이다. 이것은 페르마의 정리로 유명한 페르마가 발견한 최소 시간의 원리이다.

빛이 거울 면에 반사되어 튀어 나갈 때는 입사각과 반사각이 같을 때 빛이 이동하는 시간이 제일 짧다.

빛이 공기에서 물속으로 들어갈 때 굴절되는 것은 공기 중에서의 빛의 속도와 물속에서의 빛의 속도가 다르기 때문이다. 빛은 공기 중에서는 초속 30만 킬로미터로 움직이지만 물속에서는 빛의 속도가 4분의 3으로 줄어든다. 그러므로 빛이 공기에서 물속으로 들어갈 때는 느려지는 데 이런 상황에서 빛은 제일 짧은 시간이 걸리기 위해 꺾이게 된다. 즉 빠르게 지날 수 있는 공기 중에서 더 긴 여행을 하고 느려지는 물속에서 짧은 여행을 하면 빛이 전체를 이동하는 데 가장 짧은 시간이 걸리기 때문이다.

QUIZ 07

최초의 안경 발명자는 누구인가?

해설 최초의 안경은 볼록렌즈로 만들어졌다. 13세기에 이탈리아에서 사용되었는데 누가 처음 만들었는지는 불분명하다. 오목렌즈는 1451년 독일의 니콜라우스가 처음 만들었다. 그는 오목렌즈를 이용한 안경이 근시인 사람에게 도움이 줄 거라 생각했다.

QUIZ 08

콘택트 렌즈의 발명자는 누구인가?

해설 1888년 독일의 아돌프 픽이 유리를 이용한 콘택트 렌즈를 처음 발명했다.

ANSWER

08 아돌프 픽

QUIZ 09

뉴턴은 1665년에 빛에 대한 연구를 시작했다. 뉴턴은 빛이 눈에 보이지 않는 아주 작은 입자로 이루어져 있다고 생각했다. 그러던 어느 날 뉴턴은 놀라운 발견을 하게 되었다. 어두운 방에서 창에 조그만 구멍을 뚫어 그 구멍으로 들어오는 흰 빛을 프리즘에 통과 시켜보았더니 프리즘을 지난 빛은 벽에 빨주노초파남보의 일곱 색으로 비춰지는 것이었다. 뉴턴은 이것을 스펙트럼이라고 불렀는데 스펙트럼은 원래 무슨 뜻인가?

해설 스펙트럼은 유령이라는 뜻을 가진 라틴어이다. 뉴턴은 프리즘으로 들어간 빛은 흰 빛인데 왜 일곱 색깔의 빛이 나타났을까, 궁금해 했다. 뉴턴은 흰 빛 속에 처음부터 일곱 색깔을 띠는 작은 입자들이 들어 있다고 생각했다. 즉 이들이 함께 섞여 있으면 흰 빛으로 보이지만 프리즘을 통해 이들을 갈라놓을 수 있다면 일곱 색깔의 빛을 모두 볼 수 있다는 것이 뉴턴의 생각이었다. 이렇게 흰 빛이 일곱 색깔의 빛으로 갈라지는 것을 빛의 분산이라고 부른다.

뉴턴은 빛의 분산이 일어나는 이유는 일곱 가지 색깔의 빛이 프리즘을 통해 꺾이는 정도가 다르기 때문이라고 생각했다. 즉, 빨강 빛은 프리즘을 통해 적게 꺾이고 보라 빛으로 갈수록 심하게 꺾여 빨주노초파남보의 스펙트럼을 만드는 것이다.

뉴턴은 빛이 작은 입자로 이루어져 있고 입자의 종류는 일곱 가지라고 주장했다. 하지만 그의 의견은 빛이 파도와 같은 파동현상이라고 믿고 있던 많은 과학자들의 공격을 받았다. 결국 이 일로 빛에 대한 뉴턴의 논문은 영국의 왕립학회에서 발표할 수 없다는 판정을 받기도 했다. 하지만 뉴턴은 빛에 대한 연구 결과를 모아 〈광학〉을 출간했다.

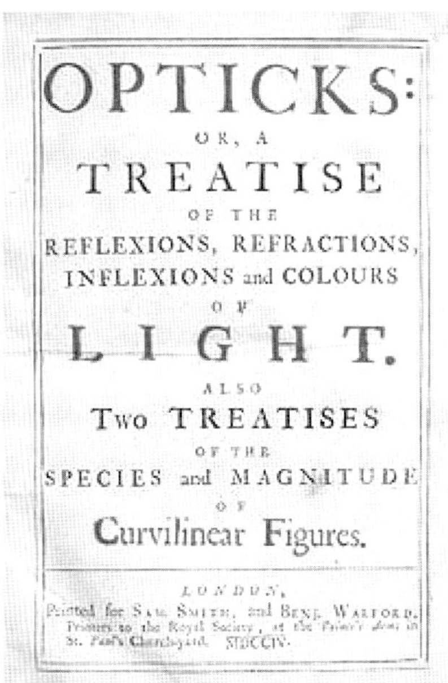

OPTICKS:
OR, A
TREATISE
OF THE
REFLEXIONS, REFRACTIONS, INFLEXIONS and COLOURS
OF
LIGHT.
ALSO
Two TREATISES
OF THE
SPECIES and MAGNITUDE
OF
Curvilinear Figures.

LONDON,
Printed for SAM. SMITH, and BENJ. WALFORD, Printers to the Royal Society, at the Prince's Arms in St. Paul's Church-yard. MDCCIV.

QUIZ 10

무지개가 빛이 공기 중의 물방울에 의해 분산되어 우리 눈에 보이는 현상임을 처음 알아낸 사람은?

해설 데카르트는 무지개가 빛이 비온 뒤 하늘에 떠 있는 물방울에 의한 분산 때문에 생기는 현상이라는 것을 알아냈다. 이때 비개인 직후에 하늘에 떠다니는 물방울들이 프리즘의 역할을 해 일곱 색깔 무지개가 보이는 것이다.

QUIZ 11

최초로 망원경을 만든 사람은?

해설 1609년 어느 날, 네덜란드에서 렌즈 가게를 하던 리퍼시가 망원경을 발견했다. 그는 우연히 오목 렌즈를 눈에 대고 그 반대쪽에 볼록 렌즈를 댄 채 교회를 보았더니 교회가 크게 보였다. 그는 두 개의 렌즈를 이용해 최초의 망원경을 만들었다.

QUIZ 12

최초로 반사 망원경을 만든 사람은?

ANSWER

10 데카르트 11 리퍼시 12 뉴턴

해설 페스트가 사라진 1667년 뉴턴은 케임브리지 대학으로 돌아갈 수 있었다. 1669년 그는 26살의 나이로 케임브리지 대학의 교수가 되었다. 교수가 된 그는 학생들에게 수학과 물리를 가르쳤다. 하지만 뉴턴의 강의는 너무 어려워 수업을 듣겠다는 학생은 아주 적었다.

이 시기에 뉴턴은 새로운 망원경을 발명했다. 그 당시까지의 망원경은 렌즈를 이용하는 망원경이다. 하지만 렌즈를 이용하면 빛의 굴절 때문에 상이 흐리게 보여 우주를 정확하게 관측할 수 없었다.

뉴턴은 다른 원리로 망원경을 만들어 보기로 했다. 그것은 렌즈 대신 거울을 이용하는 것이었다. 이것은 거울을 통해 빛을 반사시켜 물체를 크게 볼 수 있으므로 반사망원경이라고 부른다. 뉴턴은 1671년 반사망원경을 영국 왕립학회에 제출했고 그 덕에 뉴턴은 1671년부터 왕립학회의 회원이 되었다.

QUIZ 13

1665년 이탈리아의 그리말디는 빛이 불투명한 물체의 가장자리를 돌아서 약간 안쪽으로 굽어 들어가는 사실을 발견했다. 그리말디가 발견한 빛의 이 성질은 무엇인가?

해설 이 성질을 빛의 회절이라고 부른다. 그리말디가 빛의 회절 현상을 발견한 후 그레고리는 새의 깃털에 대한 빛의 회절 무늬를 발견했다.

QUIZ 14

파동이란 무엇인가?

해설 벽에 줄을 매달고 흔들면 줄의 각 지점이 오르락내리락 하면서 파도의 모양이 생기는 데 이런 현상을 파동이라고 부른다. 이때 줄이 가장 높이 올라간 지점을 마루라고 하고 가장 낮게 내려간 곳을 골이라고 한다. 이때 마루와 마루의 거리 또는 골과 골 사이의 거리를 파장이라고 부른다.

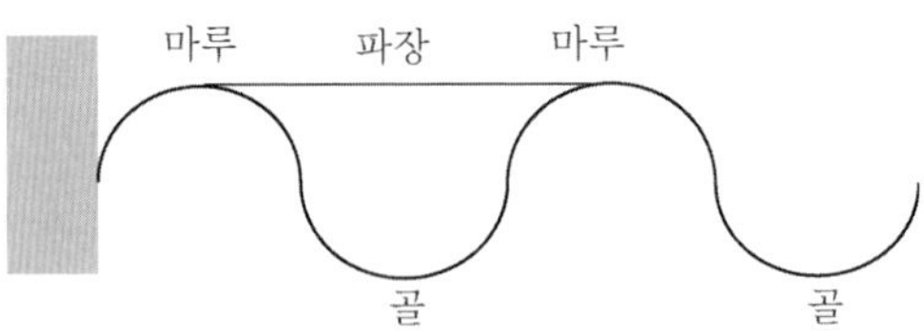

ANSWER
13 회절

줄을 더 세게 흔들면 마루와 마루 사이의 거리가 짧아진다.

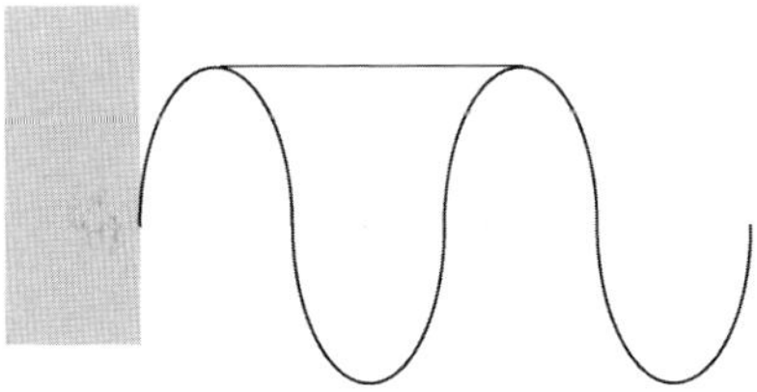

줄을 더 세게 흔들었으므로 줄에 더 큰 에너지가 전달되었고 이 에너지는 줄에 생긴 파동의 에너지가 된다. 그러므로 파장이 짧을수록 파동의 에너지가 커진다. 빛의 경우는 빨강빛에서 보랏빛으로 갈수록 파장이 짧아진다.

QUIZ 15

빛의 입자설과 파동설의 대립이란 어떤 두 과학자의 대립을 말하는가?

해설 뉴턴과 호이겐스는 빛이 입자인가 파동인가를 놓고 심한 논쟁을 벌이곤 했다. 뉴턴은 호이겐스와의 대립으로 신경쇠약을 겪으며 자신의 집에 틀어 박혀 아무도 만나지 않을 정도로 심각한 상황이 벌어졌는데 이것이 유명한 빛의 입자설 파동설 논쟁이다. 두 사람의 논쟁은 누구의 승리로 끝이 났을까? 놀랍게도 논쟁의 승리자는 뉴턴이 아니라 호이겐스였다. 빛은 반사, 굴절, 분산이외에도 간섭과 회절이라는 성질을 가지고 있다. 즉 빛과 빛이 만나서 더 밝아지기도 하고 사라지기도 하는 데 이것을

ANSWER

15 뉴턴과 호이겐스

빛의 간섭이라고 하고 빛이 장애물에 가로 막혔을 때 빛의 일부가 장애물의 뒤까지 전파되는 현상이 회절이다.
뉴턴의 입자설로는 빛의 간섭과 회절 현상을 설명할 수 없었지만 호이겐스의 파동설로는 가능했다.

QUIZ 16

호이겐스의 원리란 무엇인가?

해설 호이겐스는 유명한 호이겐스의 원리를 도입하여 파동이 어떻게 전파되는지를 설명했다. 파동의 마루를 이어준 곡선을 파면이라고 부르는데 호이겐스는 하나의 파면이 만들어지고 다음 파면이 어떤 모양으로 만들어지는지를 알 수 있는 방법을 알아냈다.
호수에 돌멩이를 던졌을 때 생기는 파동을 생각해보자. 이때 원을 그리면서 파동이 퍼져 나가는데 이 원들이 바로 파면이다. 이때 원의 반지름은 점점 커지지만 모든 원의 중심은 돌이 떨어진 지점이다. 이 지점을 파동이 생기는 원천이라는 의미에서 파원이라고 부른다. 이렇게 파면의 모양이 곡선인 파동을 구면파라고 부르고 파도가 밀려올 때처럼 파면의 모양이 직선이나 평면인 파동을 평면파라고 부른다.
호이겐스의 원리를 정리하면 다음과 같습니다.

• 파동이 전파될 때 파면 위의 모든 점에서 각각의 점을 새로운 파면으로 하는 이차적인 구면파가 나타나고 이와 같은 구면파에 공통으로 접하는 면이 다음 순간의 새로운 파면을 이룬다. 이것을 호이센스의 원리라고 한다.

호이겐스의 원리를 구면파에 적용해보자. 첫 번째 파면을 이루는 원들에 공통으로 접하는 선을 그리면 원이 된다. 이렇게 만들어진 원은 파원으로부터 두 번째 파면이 되는 데 이것을 2차 파면이라고 부른다. 이런 식으로 3차 파면, 4차 파면등도 원을 이룬다. 그러므로 호이겐스의 원리를 이용하면 구면파가 어떻게 퍼져나가는 지를 알 수 있다.

호이겐스 원리를 평면파에 적용해 보자. 평면파의 첫 번째 파면을 생각하자. 물론 평면파이기 때문에 이 파면은 직선이다. 이 파면의 몇 개의 점에서 원을 그린다. 이 들 원에 공통으로 접하는 선을 그리면 이 선은 직선이다. 즉, 평면파의 2차 파면은 직선이다.

아래 그림은 평면파가 구멍을 통해 회절되는 것을 호이겐스 원리를 이용해 그린 것이다.

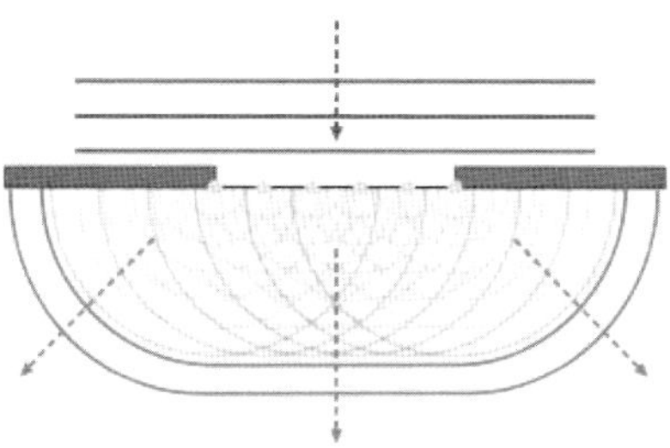

호이겐스는 1658년 『시계』라는 책을 발표하고 그 후 1673년 『흔들이 시계』를 출판하여 흔들이 시계의 모든 과학적 원리를 설명했다. 또한 그는 파동으로서의 빛에 대한 모든 설명과 파동의 전파에 관한 호이겐스의 원리에 대한 내용을 묶어 1690년 『빛에 관한 논고』라는 책을 출판했다.

QUIZ 17

아래 그림은 1803년 영의 이중 슬릿 실험장치이다.

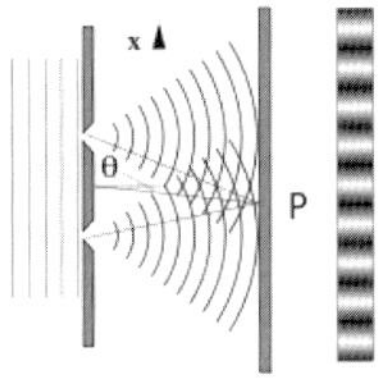

영은 이중 슬릿을 통해 입사된 빛이 스크린에 밝고 어두운 무늬의 띠를 만든다는 것을 알아냈다. 영이 이 실험을 통해 알아낸 빛의 성질은 무엇인가?

해설 영은 이 실험은 통해 두 개의 슬릿을 통해 들어간 두 빛이 간섭을 일으킨다는 것을 알아냈다. 밝은 곳은 두 빛이 보강 간섭을 일으키는 곳이고 어두운 곳은 두 빛이 소멸 간섭을 일으키는 곳이다. 이것은 빛을 뉴턴처럼 입자로 생각했을 때는 설명이 되지 않고 파동으로 간주했을 때만 설명이 된다. 즉 영은 빛의 파동설을 입증한 최초의 과학자이다.

QUIZ 18

영은 멀리 있는 물체를 볼 때와 가까이 있는 물체를 볼 때 눈 속의 이것의 곡률이 변하기 때문이라고 주장했다. 이것은 무엇인가?

ANSWER

17 간섭 18 수정체

해설 영은 거리가 다른 물체들의 상이 망막에 정확하게 맺히는 것은 눈 속에 있는 수정체의 곡률이 그때 그때 달라지기 때문이라고 주장했다. 또한 그는 눈의 망막은 빨강색 초록색 보라색에 민감하다는 것도 알아냈다.

QUIZ 19

빛의 속력을 처음 측정한 과학자는?

해설 빛의 속력을 측정하려는 시도는 처음 갈릴레이에 의해 이루어졌지만 실패로 돌아갔고 그 후 1675년 뢰머, 1728년 브래들리가 천문학적인 관측을 통해 빛의 속력을 계산했지만 엄밀히 말해 빛의 속력을 측정했다고 보기는 어렵다.

1849년 프랑스의 피조는 8킬로미터 떨어진 쉬렌과 몽마르뜨 언덕에 두 개의 거울을 설치해 빛의 속력을 측정했다. 일정 속도로 회전하는 톱니바퀴 틈으로 쉬렌에서 몽마르뜨 언덕에 설치된 거울로 빛을 보낸 후 거울에 반사된 빛이 톱니바퀴의 다른 틈으로 들어오게 했다. 이 방법을 통해 피조는 빛의 속력을 측정했는데 그 값은 실제 빛의 속력과 5% 정도 밖에 차이가 나지 않았다.

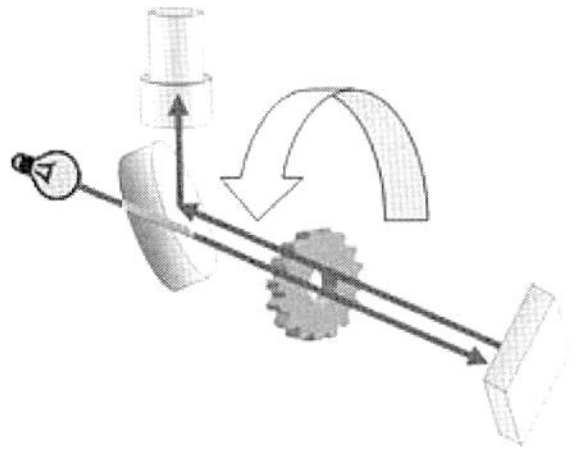

ANSWER

19 피조

퀴즈 물리학의 역사: 고대 ~ 근대

제 4 부

유체 물리의 역사

QUIZ **01**

기원전 3세기 시라쿠사의 히에론 왕은 전쟁에서 승리를 하고 돌아와 신에게 순금으로 만든 금관을 바치기로 하고, 금관을 만들 수 있는 순금을 금관업자에게 만들어오게 했다. 과학자 아르키메데스는 히에론 왕의 의뢰로 이 금관이 순금으로 만들어진 게 아니라 은이 섞여있다는 사실을 알아냈다. 어떻게 아르케메데스는 금관에 은이 섞인 것을 알았을까?

해설 시라쿠사의 히에론 왕은 소문대로 금관이 순금으로만 만들어지지 않은 것인지를 시라쿠사 최고의 과학자인 아르키메데스에게 밝혀내게 했다. 아르키메데스는 매일 고민 고민 하다가 하도 몸이 더러워, 공중목욕탕에서 목욕을 하던 중 탕 안으로 들어가면서 물이 넘치자 '유레카(발견했다)'라고 외치면서 알몸으로 집까지 뛰어갔다.

그는 금관에 은이 섞여 있으면 같은 무게의 순금 왕관보다 부피가 더 클 것이라고 생각했다. 왜냐하면 은은 금보다 밀도가

작아 같은 무게의 금관을 만들려면, 더 많은 양의 은을 넣어야 하기 때문이다. 그리고 그는 자신이 목욕할 때 넘친 물의 양은 물속에 담긴 몸의 부피와 같다는 것을 알아냈다.
아르키메데스는 두 개의 통에 물을 가득 채운 다음 한 통에는 왕이 처음에 준 금과 무게가 같은 금을 넣고, 다른 통에는 금관업자가 가지고온 금관을 넣어 만일 넘친 물의 양이 같으면 금관업자는 은을 섞지 않은 것이고, 금관업자의 금관을 넣은 통에서 넘친 물의 양이 더 많으면 은을 섞은 것이 된다. 결과는 금관업자가 만들어 온 금관을 넣은 통에서 물이 더 많이 넘쳤다. 이렇게 하여 아르키메데스는 금관을 다시 녹이지 않고도 은이 섞였는지를 알 수 있게 되었다.

QUIZ 02

이 과학자는 19살에 전자계산기를 발명하고, 확률이론의 창시자로 액체를 이용해 적은 힘으로 무거운 물체를 들어 올릴 수 있는 원리를 발견했습니다. 압력의 단위에는 이 사람의 이름이 붙는데 이 과학자는 누구인가?

해설 압력은 힘을 힘이 작용하는 넓이로 나눈 값이다. 그러니까 같은 힘을 작용하더라도 넓이가 작으면 압력이 커진다. 바늘에 찔리면 아픈 이유도 바늘의 끝의 넓이가 작아 커다란 압력이 우리의 몸에 작용하기 때문이다.

ANSWER

02 파스칼

힘의 단위는 뉴턴(N)이고 넓이의 단위는 제곱미터(m^2)이므로 압력의 단위는 N/m^2이 되는데 이것을 파스칼의 이름을 딴 파스칼(Pa)이라고도 부른다. 즉 $1Pa = 1N/m^2$이다.
하지만 액체의 압력은 조금 다르게 정의된다. 액체는 고체와는 달리 마구 움직이는 성질이 있다. 그러니까 물을 컵에 담으면 물 분자들이 컵의 바닥과 옆면에 압력을 준다. 사람이 물속에 들어가면 물의 압력을 받는데 고체의 압력과는 달리 이때 사람이 받는 압력은 같은 깊이에서는 어느 방향에서나 같다. 예를 들어 물에 잠긴 사람의 고막이 받는 압력은 사람이 머리를 어느 방향으로 향하든 같다.
풍선에 물을 가득 채운다음에 풍선을 누르면서 바늘로 풍선의 위를 찌르면 분수처럼 물이 위로 솟아나온다. 이것은 물의 압력이 위 방향으로 작용한다는 걸 보여준다. 또 물을 가득 채운 깡통의 옆면에 구멍을 내면 옆으로 물이 흘러나오는데 이건 깡통 속의 물의 압력이 옆으로 작용한다는 것을 말한다. 이렇게 물과 같은 액체의 압력은 모든 방향으로 똑같은 크기로 작용한다.
1653년 프랑스의 파스칼은 정지해 있는 액체를 이용해 무거운 물체를 들어 올릴 수 있는 장치를 발명했다. 정지해 있는 액체는 한 곳에 생긴 압력의 변화가 액체의 모든 곳으로 모든 방향으로 전달되는데 이것을 파스칼의 원리라고 부른다. 파스칼은 다음과 같은 장치를 고안했다.
단면 B의 넓이는 넓고 단면 A의 넓이는 작은데 이때 단면B를 어떤 힘으로 누르면 물에 작용하는 압력은 그 힘을 단면B의 넓이로 나눈 값이 된다. 그런데 이 압력은 물을 통해 물 모든 곳에 전달되므로 같은 압력으로 단면 B를 위로 올리게 된다.

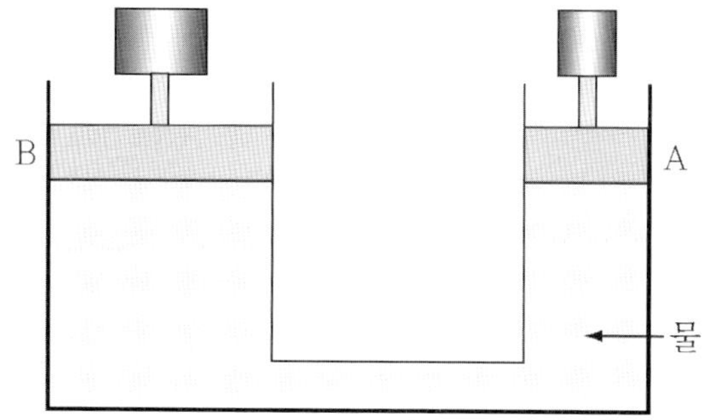

〈파스칼의 원리 수압기의 원리〉

그럼 단면 B에 작용하는 압력은 단면 B를 올리는 힘을 단면 B의 넓이로 나눈 값이 된다. 즉, 액체의 압력이 같기 때문에 다음 식이 성립한다.

$$\frac{A\text{를 누르는 힘}}{A\text{의 넓이}} = \frac{B\text{를 올리는 힘}}{B\text{의 넓이}}$$

여기서 A의 넓이가 B의 넓이보다 작으므로 위 등식이 성립하려면 A를 누르는 힘이 B를 들어 올리는 힘보다 작아야 한다. 즉, 작은 힘으로 큰 힘을 낼 수 있다. 이렇게 파스칼의 원리를 이용하면 액체를 이용하여 작은 힘으로 큰 물체를 들어 올리는 장치를 만들 수 있는 데 이것을 수압계라고 부른다. 예를 들어, A의 넓이가 1이고 B의 넓이가 10이면 A를 1의 힘으로 누르면 B를 올리는 힘은 10배가 된다.

파스칼의 원리는 우리 주위에서 많이 볼 수 있다. 치약의 밑부분을 누르면 파스칼의 원리에 따라 그 압력이 튜브 속의 치약 전체에 똑같이 전달되어 뚜껑이 열려 있다면 내부의 압력에 의해 치약이 밖으로 나온다. 병원에서 주로 쓰는 식도에 걸린 음식물을 꺼내는 응급처치 방법도 마찬가지이다. 식도에 걸린 음식물을 꺼내기 위해 우선 환자의 배를 강하게 누르면 파스칼의 원리에 따라 배를 누르는 압력이 사람 내부에 전달되며 음식물이 입 밖으로 나오게 된다.

큰 힘을 필요로 하는 유압 시스템의 핵심 요소도 바로 파스칼의 원리를 이용한 장치이다. 유압 시스템은 가는 부분과 굵은 부분이 있는 금속으로 된 관에 유체가 들어 있는데 금속관의 가는 부분에 있는 유체를 많이 밀어도 굵은 부분의 유체는 조금밖에 움직이지 않아야 하지만, 파스칼의 원리에 의해 압력은 똑같이 전해지므로 가는 부분을 작은 힘으로 밀어도 굵은 부분에서는 큰 힘이 생기게 된다. 유압 시스템은 비행기의 날개를 움직이거나, 아주 무거운 물체를 드는 데, 자동차 정비소에서 수리를 위해 자동차를 들어 올릴 때, 지하철의 문을 열고 닫을 때 사용된다.

QUIZ 03

바닷물 밖에 떠 있는 빙산은 전체의 몇 % 정도인가?

해설 빙산은 얼음이다. 얼음의 밀도는 물의 밀도의 0.9배 정도로 물보다 작아서 빙산이 물에 떠 있는 것이다. 이때 빙산의 대부분은 물 아래에 잠겨 있는 데 그 부피는 전체의 90%정도이다. 즉 눈에 보이는 빙산은 전체의 10% 정도에 불과하다.

QUIZ 04

물속으로 들어가면 깊이에 따라 얼마의 압력을 받는가?

해설 우리는 공기가 누르는 압력(대기압)을 받고 있다. 보통의 경우 그 압력은 1기압이라고 한다. 그러므로 물에 들어가면 물에 의한 압력과 공기에 의한 압력을 모두 받게 된다. 물에서 10미터 들어갈 때 마다 약 1기압 정도가 증가하므로 10미터 깊이에서는 2기압의 압력을 받고 20미터 깊이에서는 3기압의 압력을 받는다.

QUIZ 05

비행기가 뜨는 것은 베르누이 원리와 관계있다. 베르누이 원리란 무엇인가?

해설 1738년 스위스의 베르누이는 액체와 기체와 같은 유체의 흐름에 대한 베르누이 원리를 발표했다. 베르누이 원리란 유체가 좁은 곳을 지날 때 빨라지면서 압력이 줄어든다는 것이다.
비행기를 뜨게 하는 힘을 양력이라고 하는 데 그 힘은 비행기의 날개의 모양 때문에 생긴다.

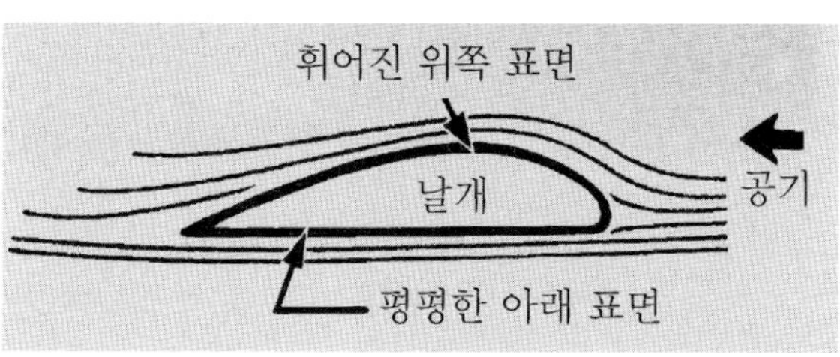

비행기 날개는 윗면은 많이 휘어져 있고 아래쪽은 평평하므로 위로 지나가는 공기는 아래로 지나가는 공기보다 같은 시간동안 더 긴 거리를 움직이므로 속력이 더 크다. 그러므로 위쪽은 압력이 작아져 아래쪽 압력과 위쪽 압력의 차만큼 아래에서 위로 힘이 작용하는 데 이 힘이 양력이고 그것이 비행기를 위로 떠오르게 한다.

QUIZ 06

축구공이 골대로 휘어져 들어가는 바나나킥은 이 과학자의 업적과 관계 있다. 이 과학자는 누구인가?

ANSWER

06 마그누스

해설 1852년 독일의 물리학자 마그누스는 축구공이 휘어져 들어가는 이유를 다음과 같이 설명했다. 공기의 흐름이 볼의 회전 방향과 같은 쪽에서는 공기의 속도가 빨라지므로 공기의 압력이 줄어들고 그 반대쪽은 공기의 속도가 느려지므로 공기의 압력이 커진다. 공기의 압력의 차이때문에 압력이 큰 쪽에서 압력이 작은 쪽을 미는 힘이 생기게 되는 데 그 힘 때문에 공이 바나나처럼 휘어지게 되는데 이것을 마그누스 효과라고 부른다.

QUIZ 07

온도가 일정할 때 기체의 압력과 부피가 반비례한다는 성질을 처음 알아낸 과학자는 누구인가?

해설 보일은 1627년 영국의 워터퍼드에서 태어났다. 아버지는 백작이었기 때문에 보일은 어릴 때부터 부유하게 자랐다. 보일은 어릴 때부터 신동 소리를 들었고 8살에는 영재들만 다닌다는 이튼 학교에 입학했다. 보일은 갈릴레이를 존경해 14살 때 이탈리아에 가서 갈릴레이에게 물리를 배우려고 했지만 갈릴레이가 이미 죽어 그 꿈을 이루지 못했다.

보일이 살던 시대에는 아리스토텔레스의 이론을 지지하는 사람들이 많았다. 그들은 물질이 없는 상태인 진공을 만드는 것이 불가능하다고 믿었다.

ANSWER

07 보일

하지만 17세기에 토리첼리는 길이가 1미터인 유리관에 수은을 가득 채워 그것을 수은이 가득 담긴 통에 거꾸로 세우는 실험을 했는데 수은은 76센티미터 높이까지 내려왔고 수은 위쪽 24센티미터 부분은 아무 것도 없는 진공상태가 되었다. 즉 토리첼리는 처음으로 진공을 만드는 데 성공한 것이었다. 그 후 괴리케는 유리관에서 공기를 빼내 진공상태를 만들 수 있는 진공펌프를 발명하여 진공 속에서는 불꽃이 꺼지고 소리가 들리지 않는다는 것을 알아냈다.

보일은 1655년부터 1668년까지 옥스퍼드 대학에 있는 동안 조수인 훅과 함께 괴리케의 진공펌프보다 훨씬 개선된 진공펌프를 만들어 진공에 대한 많은 실험을 했다. 그때 보일은 진공용기 속에 공기를 채우고 압력을 다르게 할 때 기체의 부피 변화를 관찰했더니 압력이 작을 때는 기체가 팽창하여 부피가 커지고 압력이 점점 커질수록 기체가 압축되어 부피가 작아지는 것을 발견했다. 이때 기체에 작용한 압력과 기체의 부피를 정확히 측정한 결과 두 양 사이에는 반비례관계가 성립한다는 것을 알아냈는데 이것이 유명한 보일의 법칙이다.

QUIZ 08

기체는 압력이 일정할 때 온도가 증가할수록 부피가 증가한다. 이 사실을 처음 발견한 과학자는 누구인가?

ANSWER

08 샤를

해설 찌그러진 탁구공을 뜨거운 물에 넣으면 금방 원래의 모양으로 되는데 그건 뜨거워지면서 탁구공 속의 공기가 팽창하기 때문이다. 이렇게 기체는 온도가 올라가면 부피가 늘어나고 반대로 차가워지면 부피가 줄어든다.

1802년 프랑스의 샤를은 실험을 통해 일정한 압력 아래서 기체의 부피는 1℃ 올라갈 때 0℃ 때의 부피의 273분의 1만큼 증가하고 온도가 1℃ 내려갈 때는 0℃ 때의 부피의 273분의 1만큼 감소한다는 것을 알아냈는데 이 법칙이 바로 샤를의 법칙이다. 즉, 샤를의 법칙은 기체의 팽창율이 273분의 1이라는 것을 의미한다.

샤를의 법칙대로 라면 모든 기체는 영하 273℃에서 부피가 0이 된다. 만일 이 온도보다 아래로 내려가면 기체의 부피가 음수가 되므로 모순이 되므로 제일 낮은 온도는 영하 273도이다.

QUIZ 09

열기구를 이용해 하늘을 처음 날아오른 사람은?

해설 1783년 프랑스의 몽골피에 형제가 샤를의 법칙을 이용하여 열기구를 타고 하늘을 나는 데 성공했다. 프랑스 론 강변의 작은 마을 아노네에서 커다란 제지공장을 운영하고 있던 두 형제는 물체가 날아올라갈 수 없을까에 대해 많은 고민을 했다.

ANSWER

09 몽골피에 형제

그들은 커다란 종이자루에 뜨거운 공기를 채우면 샤를의 법칙에 따라 공기의 부피가 커져 밀도가 작아져 위로 올라갈 수 있다고 생각했다.

1783년 6월 5일 몽골피에 형제는 많은 사람들이 보는 앞에서 지름이 12센티미터인 종이자루를 긴 기둥에 묶고 자루의 주둥이 밑에 밀짚과 땔나무를 가득 쌓았다. 형제가 땔나무에 불을 붙이자 연기가 피어오르더니 자루가 팽팽하게 부풀어 커다란 공이 되었다.

이 공은 둥실둥실 하늘로 올라가 10분 만에 2천 미터 높이까지 올라갔다. 하지만 공은 계속 올라가지 못하고 다시 추락하더니 포도밭에 떨어졌다.

QUIZ 10

수소를 채운 기구를 이용해 하늘을 처음 날아오른 사람은?

해설 1783년 프랑스의 샤를은 몽골피에 형제의 열기구에 대한 소문을 듣고 자신도 하늘을 나는 기구를 만들었다. 그는 몽골피에 형제와는 달리 공기보다 가벼운 수소를 사용했는데 지름이 4미터인 커다란 공에 수소를 가득 채웠다.

1783년 8월 23일 샤를은 많은 사람들이 보는 앞에서 수소 기구를 띄웠다. 기구는 2분도 채 안 되어 1000미터 높이까지 올라가 약 2시간 동안 43킬로미터를 날아갔다.

그 날 해질 무렵에는 2차 비행이 시도됐는데 샤를은 10분 동안 300미터 높이로 올라가 저물어 가던 붉은 태양이 지평선에서 다시 거꾸로 떠오르는 것을 보았다. 즉 그는 하루에 두 번 지는 해를 본 최초의 사람이 된 것이다. 하지만 샤를의 수소 기구 역시 영원히 올라가지 못하고 40분 만에 추락했다.

QUIZ 11

세계 최초의 비행선은 누가 발명했나?

해설 열기구나 수소기구가 나온 이후에 사람들을 많이 태워 운송을 할 수 있는 비행선에 대한 연구가 본격화되었다.

ANSWER

10 샤를 11 지파르

1852년 프랑스의 앙리 지파르는 유선형 가스기구에 35마력짜리 증기 엔진을 설치하고 프로펠러를 회전시켜 어느 정도 마음대로 비행할 수 있는 비행선을 만드는데 성공했다.
1884년 러나드는 8.5마력의 전기모터에 의하여 시속 23킬로미터로 날 수 있는 비행선을 만들었다. 그 후 가볍고 힘좋은 가솔린 엔진의 개발과 제작기술의 향상으로 여러 가지 모양의 성능 좋은 비행선이 만들어졌다.
1900년 독일의 제펠린은 골격으로 알루미늄을 사용, 비행선의 대형화를 가져왔고 추력도 아주 커졌다. 이 같은 기술을 바탕으로 제펠린은 1914년까지 1백 여대가 넘는 비행선을 계속 제작하면서 성능을 향상시켰다.

그 후 점점 성능 좋은 비행선이 개발돼 제1차 세계대전 당시에는 전투에 참가하기도 했다.

QUIZ 12

제1차세계대전이 끝나자 비행선은 관광과 운송수단으로 이용되었다. 1936년 당시의 독일의 이 비행선은 보잉 747 점보 여객기보다 큰 길이 245미터, 몸체 지름 41미터나 되고 피아노와 오락실을 갖추고 있었다. 이 비행선은 1937년 5월 6일 정전기로 수소가스가 폭발하는 바람에 승객 97명 중 36명이 사망하는 대형 항공사고를 일으켰다. 이 비행선의 이름은 무엇인가?

해설 원래 힌덴부르그호는 헬륨을 사용하도록 설계되어 폭발의 위험이 없었다. 하지만 유일한 헬륨 생산국인 미국이 독일에 헬륨을 팔지 않는 바람에 수소를 사용할 수밖에 없었고 결국 이런 대형 참사를 가져오게 되었다. 비행선은 이 같은 안전 문제와 느린 속도 그리고 결정적으로 날개가 달린 비행기의 등장으로 화려했던 옛 모습을 감추고 사라지게 되었다.

ANSWER

12 힌덴부르그 호

퀴즈 물리학의 역사: 고대 ~ 근대

제 5 부

에너지와 열의 역사

QUIZ 01

18세기의 과학자들은 뜨거운 물체에서 차가운 물체로 무게가 없는 이 물질이 이동한다고 생각했다. 이 물질의 이름은 열을 뜻하는 라틴어에서 유래되었는데 이 물질의 이름은 무엇인가?

해설 칼로릭은 열을 뜻하는 라틴어에서 유래되었다. 과학자들은 칼로릭이 많을수록 온도가 높다고 생각했다. 또한 뜨거운 물체와 차가운 물체를 접촉시키면 뜨거운 물체로부터 차가운 물체로 칼로릭이 이동해 뜨거운 물체는 온도가 낮아지고 차가운 물체는 온도가 높아진다. 열량의 단위를 칼로리로 쓰는 것도 칼로릭에서 유래되었다.

과학자들은 열소를 물에 비유했다. 컵에 물을 부으면 물의 높이가 올라가듯 열소를 얻은 물체는 온도가 올라간다고 생각했다. 즉, 물의 높이를 온도에, 물을 열소에 비유했다.

열소는 한동안 과학자들로부터 큰 지지를 받았다. 그런데 열소로 설명할 수 없는 현상이 있었는데 그것은 바로 얼음이 녹는 과정으로 얼음이 녹을 때는 아무리 열을 가해도 온도가 올라가지 않았다. 이 현상에서 열소와 온도를 물과 물 높이에 각각 비유하면, 물 컵에 물을 부었는데도 물의 높이가 올라가지 않는다는 것이니 말이 되지 않았다. 그러므로 이 현상은 열소의 이동으로는 설명이 곤란했다.

ANSWER

01 칼로릭

QUIZ 02

얼음이 물이 될 때 온도는 올라가지 않지만 열이 필요하다는 사실을 처음 알아낸 과학자는?

① 블랙 ② 라부아지에 ③ 샤를

해설 1761년 스코틀랜드의 물리학자 블랙은 얼음이 물이 될 때 또는 물이 수증기가 될 때 온도는 올라가지 않지만 열이 공급되어야한다는 사실을 알아내고 이때 필요한 열을 잠열이라고 불렀다. 그는 1그램의 얼음을 물로 만들기 위해서는 80칼로리의 열량이 필요하다는 것을 알아냈다.

QUIZ 03

같은 양의 열을 공급해도 어떤 물체는 온도가 많이 올라가고 어떤 물체는 온도가 적게 올라간다. 이때 온도가 많이 올라가는 물질의 경우 이것이 작다고 하고 온도가 적게 올라가는 경우 이것이 크다고 말한다. 이것은 무엇인가?

해설 열량은 비열과 물질의 질량과 온도 변화의 곱이다. 즉, 1그램의 물질을 1도 올리는 데 필요한 열의 양이 비열이다. 비열은 스코틀랜드의 과학자 블랙이 처음 도입했다.

ANSWER

02 ① 03 비열

QUIZ 04

열량을 측정하는 장치를 열량계라고 부른다. 열량계를 처음 발명한 과학자 두 사람의 이름은?

해설

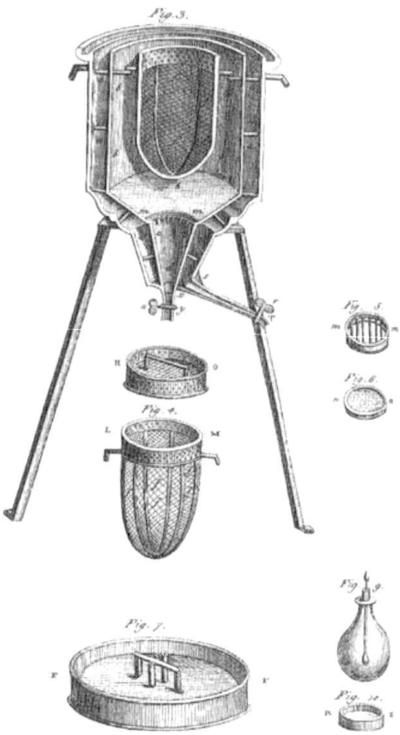

ANSWER

04 라브아지에와 라플라스

QUIZ 05

1592년 갈릴레이는 와인이 담겨 있는 유리 용기에 긴 유리관을 거꾸로 세워 유리관 안으로 와인이 일부 들어가도록 했다. 이 장치는 무엇을 측정하기 위한 장치였나?

해설 이 장치는 뜨거워지면 유리관 속의 공기가 팽창하고 차가워지면 공기가 수축하는 성질을 이용해 온도를 측정했던 기체 온도계이다.

QUIZ 06

액체를 이용한 최초의 온도계를 만든 사람은 누구인가?

해설 1641년 페르니난드 2세는 50개의 눈금이 표시된 알콜이 담긴 유리 기둥으로 액체 온도계를 만들었다. 그 후 1664년 영국의 훅은 500개의 눈금을 갖는 알콜 온도계를 만들었다.

QUIZ 07

우리가 사용하는 섭씨온도는 누가 처음 사용했는가?

ANSWER

05 온도 06 페르디난드 2세 07 셀시우스

해설 처음 온도계의 눈금은 나라마다 달라서 혼란이 많이 생겼다. 영국의 보일은 얼음의 녹는점은 0으로 하자는 주장을 처음 했고 뉴턴은 얼음의 녹는점과 사람의 체온 사이를 12등분한 온도체계를 사용했다.

1724년 네덜란드의 파렌하이트는 물의 어는점을 화씨 32도로 사람의 체온은 화씨 100도로 물의 끓는점을 화씨 212도로 하는 화씨온도 체계를 만들었다.

1742년 스웨덴의 셀시우스는 물이 어는점을 섭씨 0도로 물이 끓는점을 섭씨 100도로 하는 현재의 섭씨온도 체계를 만들었다.

QUIZ 08

물체에 힘이 작용해 물체가 힘의 방향으로 일정 거리를 이동했을 때 물체에 작용한 힘과 이동거리의 곱을 무엇이라고 부르는가?

해설 프랑스의 카르노는 1824년 일을 최초로 정의했다. 일은 물체에 작용한 힘과 힘의 방향으로 물체가 움직인 거리의 곱으로 만일 물체에 작용한 힘과 이동 방향이 수직이면 힘의 방향으로 움직인 거리가 0이므로 물체에 작용한 일은 0이다.

QUIZ 09

독일의 마이어는 독일에서 인도네시아를 왕복하는 배에서 선원들을 치료하는 의사였다. 그는 1840년에 인도네시아로 가는 배에서, 환자의 피를 뽑다가 정맥의 피가 동맥의 피처럼 매우 붉은 것을 보고 깜짝 놀랐다. 이 발견으로부터 마이어는 열이 열소의 이동이 아니라 이것이라고 주장했다. 이것은 무엇인가?

ANSWER

08 일 09 에너지

해설 우리 몸의 각 조직에 산소를 공급하는 동맥의 피는 산소를 많이 지니고 있어 붉은색을 띠고 있다. 이에 비해 정맥의 피는 몸의 각 조직이 내놓는 이산화탄소를 실어 폐로 운반하기 때문에 산소가 별로 없어 검은색을 띤다.

마이어는 왜 열대 지방에서 정맥의 피가 붉은색을 띠게 되는가에 대해 고민했다. 그러던 중 열대 지방에서 공급되는 많은 열이 정맥의 피를 붉게 만들지도 모른다고 생각했다. 열대 지방은 충분한 열이 있어 다른 지방보다는 산소를 덜 소비하고도 우리 몸에 같은 양의 에너지를 줄 수 있다고 생각했던 것이다. 그는 음식물이 몸속에 들어가 에너지의 일종인 열로 변하고 이것이 몸을 움직이는 역학적 에너지로 변한다는 생각을 통해 에너지는 서로 다른 종류의 에너지로 변환될 수 있고 에너지의 전체 양은 보존된다는 주장을 했다. 1842년 마이어는 이 내용을 논문으로 발표했는데, 이것이 에너지 보존 법칙에 대한 첫 논문이다.

QUIZ 10

낙하하는 추를 이용해 열의 일당량을 처음 알아내고 에너지의 단위로 사용되며 신혼여행 중에도 실험을 했던 이 물리학자는 누구인가?

ANSWER

10 줄

해설 1840년 22살의 줄은 도선에 전류를 흘려보내면 도선이 뜨거워지는데, 이때 발생하는 열의 양이 전류의 제곱에 비례하고 전기 저항에 비례한다는 것을 알아냈다. 이것이 바로 전열기의 원리가 되는데, 줄의 법칙이라고 부른다. 이때 발생하는 열을 줄 열이라고 부른다. 이것은 건전지에 의해 도선에 공급된 전기에너지가 열에너지로 바뀐 것을 의미한다. 이렇게 에너지는 다른 종류의 에너지로 바뀔 수 있지만 모든 에너지를 합친 전체 에너지의 값은 일정하게 보존된다.

1843년 줄은 전기 에너지가 줄어들면서 발생하는 열이 얼마나 되는가를 알아보기 위한 실험을 시작했다. 여러 실험 가운데 가장 유명한 것은 추가 떨어지면서 물속에 잠겨 있는 바람개비를 돌리는 실험이다. 그는 바람개비가 물과 마찰을 일으켜 열을 발생시키고, 이 열이 물의 온도를 올리게 될 것이라고 생각했다. 이 실험은 추가 가지고 있던 위치 에너지가 바람개비의 운동 에너지로 모두 바뀌지 않고, 일부는 물의 온도를 올리는 열에너지로 바뀐다는 것을 확인하는 것이다.

이 실험을 위해 줄은 1m짜리 온도계를 직접 만들고 눈금을 1℃의 360분의 1까지 나누어, 물의 온도 변화를 정밀하게 관측했다. 또 물의 열이 물통으로 빠져나가는 것을 막기 위해 열이 잘 통하지 않는 나무토막을 물통에 깔았다.

같은 해 줄은 4.2J의 에너지 차이가 1㎈의 열을 발생시킨다는 것을 알아냈다. 1㎈는 물 1g을 1℃ 올리는 데 필요한 열의 양이다. 줄은 이와 같은 내용을 담은 논문을 학회에 발표했지만, 아무도 아마추어 과학자를 인정해 주려 하지 않았다. 줄은 잘 아는 사람을 통해 이 논문의 결과를 〈맨체스터 신문〉에 실었다. 그럼에도 불구하고 많은 사람들이 줄의 실험 결과를 인정하지 않았다. 그런데 그 당시 영국 글래스고 대학 교수인 톰슨이 줄의 실험이 옳다고 주장했다. 톰슨의 도움으로 줄의 논문은 1850년 그 당시 세계 최고의 잡지인 〈철학 회보〉에 실리게 되었다.

열과 일 사이의 관계를 정확하게 알아낸 줄은, 같은 실험을 36년 동안 할 정도로 끈기가 있는 과학자였다. 그는 일생을 이 실험에 바쳤다고 해도 지나친 말이 아니다. 그래서 생긴 웃지 못할 일화가 있다.

줄이 결혼을 할 당시 그는 한창 실험에 미쳐 있었다. 이런 열정은 그의 신혼여행에서도 계속되었다. 그 당시 그는 자신이 직접 만든 1m 짜리 온도계를 항상 가지고 다니면서 많은 물체들의 온도를 측정했다.

새 신랑 줄은 맨체스터에서 가까운 유원지로 신혼여행을 갔는데, 그곳에는 커다란 폭포가 있었다. 신혼부부가 폭포에 이르렀을 때, 그는 문득 폭포 아래 물은 충돌에 의해 열이 생기므로 폭포 위의 물보다 온도가 높을 것이라는 생각이 들었다. 그는 자신이 신혼여행을 왔다는 사실도 잊은 채 온도계를 들고 폭포에 뛰어들었다. 그리고는 폭포 위와 아래를 왔다 갔다 하면서 자신의 온도계로 물의 온도를 측정했다. 안타깝게도 폭포의 물이 워낙 빠르게 흘러내려, 폭포 위아래의 온도 차이를 측정하는 데는 실패했지만, 그 당시 줄이 열과 일의 관계에 대한 실험에 얼마나 몰두하고 있었는지 짐작이 가는 일화이다.

QUIZ **11**

1852년 줄과 톰슨은 공동 연구 끝에 '기체에 열을 공급하지 않고 기체의 부피를 줄어들게 하면 기체의 온도가 내려간다.'는 사실을 알아냈다. 이 원리를 이용한 가전제품은 무엇인가?

해설 이 원리는 줄-톰슨 효과라고 부르며 냉장고에 이용된다. 냉장고에는 프레온 가스가 냉매로 사용되는 데 이 기체를 압축시키면 기체의 온도가 내려가게 된다.

QUIZ **12**

1850년 클라지우스는 열은 항상 온도가 높은 곳에서 낮은 곳으로 흐르고 모든 반응에서는 이것이 증가한다고 주장했다. 에너지의 변형이라는 뜻에서 유래된 이것은 무엇인가?

해설 엔트로피는 에너지와 변형을 뜻하는 '트로페'라는 단어가 합쳐진 단어이다. 엔트로피는 무질서한 정도를 나타내는 데 모든 반응에서는 무질서한 정도가 점점 증가하게 된다는 것이 클라지우스의 생각이다.

ANSWER

11 냉장고 12 엔트로피

자연과학시리즈 • 1
퀴즈 물리학의 역사: 고대~근대

초판 인쇄 / 2014년 5월 10일
초판 발행 / 2014년 5월 15일

지은이 / 정완상
펴낸이 / 오판근
펴낸곳 / 교우사
출판등록 / 1994년 3월 24일 제6-0256호
주소 / 서울특별시 동대문구 약령시로 8 교우빌딩 2층
전화 / 02)925-2861(代), 02)925-2825(편집부)
팩스 / 02)925-2860

E-mail / kyowoo@kyowoo.co.kr
http://www.kyowoo.co.kr

ISBN 979-11-251-0035-5 (04400)
979-11-251-0034-8 (세트)

값 10,000원

※ 잘못된 책은 바꾸어 드립니다.